生态文明之碳均衡

林秀群　著

北　京

冶金工业出版社

2019

内 容 提 要

本书以"云南省现代管理与新型工业化研究基地项目——基于生态系统碳承载力的碳均衡目标实现机制研究"的研究报告为基础，提出了"生态文明建设的目标是力争降低碳超载率直至实现碳均衡"的观点，同时构建了生态系统碳承载力的测算模型、CO_2排放量的计算模型和碳超载及碳平衡的判定模型，并对云南省的相关数据进行了实证研究；围绕提高生态系统碳承载力和降低经济系统碳排放量两大核心目标，研究了碳均衡目标实现机制。

本书可供从事生态文明建设、可持续发展的研究人员和管理人员阅读，也供相关领域的从业人员参考。

图书在版编目(CIP)数据

生态文明之碳均衡/林秀群著 . —北京：冶金工业出版社，2019. 8

ISBN 978-7-5024-8159-9

Ⅰ.①生…　Ⅱ.①林…　Ⅲ.①二氧化碳—排气—研究—云南　Ⅳ.①X511

中国版本图书馆 CIP 数据核字(2019)第 144741 号

出 版 人　谭学余

地　　　址　北京市东城区嵩祝院北巷 39 号　邮编　100009　电话　(010)64027926
网　　　址　www. cnmip. com. cn　电子信箱　yjcbs@ cnmip. com. cn
责任编辑　郭冬艳　美术编辑　郑小利　版式设计　孙跃红
责任校对　卿文春　责任印制　牛晓波
ISBN 978-7-5024-8159-9
冶金工业出版社出版发行；各地新华书店经销；三河市双峰印刷装订有限公司印刷
2019 年 8 月第 1 版，2019 年 8 月第 1 次印刷
169mm×239mm；11. 25 印张；227 千字；166 页
55. 00 元

冶金工业出版社　投稿电话　(010)64027932　投稿信箱　tougao@ cnmip. com. cn
冶金工业出版社营销中心　电话　(010)64044283　传真　(010)64027893
冶金工业出版社天猫旗舰店　yjgycbs. tmall. com
(本书如有印装质量问题，本社营销中心负责退换)

前　言

碳均衡视角的生态文明建设机制，需要围绕"降低碳排放量、提高生态系统碳承载力""力争降低碳超载率直至实现碳均衡"进行。

书中采用剔除法，以《土地利用现状分类标准》(GB/T 21010—2017) 为基础，将陆地生态系统细分为 7 个一级子系统，分别是耕地、园地、林地、草地、公共管理及服务用地、水域及水利设施用地和其他，进一步细分为 26 个二级子系统。选择了用 NEP 度量单位面积二级子系统的碳承载力，以此为基础，构建了生态系统碳承载力的测算模型。

将化石能源消费和水泥生产过程碳酸盐分解产生的 CO_2 作为主要碳源，构建了 CO_2 排放量的计算模型。

碳均衡是 CO_2 排放的质量与生态系统碳承载力基本相等的状态。利用碳排放量和生态系统碳承载力的关系，构建了碳均衡、不同程度碳赤字的判定模型。

实证研究发现：

(1) 2012 年，云南省出现了轻微的碳超载现象。2012 年和 2013 年的碳超载率分别约为 3.99% 和 6.56%。该结果与张一群在《经济问题探索》中发表的文章"生态足迹与生态承载力评价——以云南省为例"中所述内容（2105 年）的结论基本一致。

(2) 2014 年，云南省碳排放量的预测值为 25440.79 万吨，生态系统的碳承载力约为 22006.28 万吨 CO_2。即碳排放量将超出生态系统承载力预测值约 3400 万吨 CO_2。

(3) 通过 LMDI 1 模型，发现能源强度、产业结构、能源结构是云南省碳排放量递增的主要驱动因素。

（4）利用泰尔指数法，发现工业和交通运输业是云南省碳强度高的两大主要产业，也是云南省减碳的两个重点产业。

（5）围绕碳均衡目标，提出了建立碳排放总量目标的碳交易机制、碳补偿机制、森林 CAD 机制的建议。

（6）将碳均衡目标管理机制作为我国生态相对良好地区现阶段生态文明建设的目标。以碳为联系纽带，将生态系统碳承载力的提升目标分解为森林、灌木林、水田、水浇地、旱地、园地、湿地等子系统的碳承载力提升目标，有利于将生态系统恢复目标细化，便于各级政府的管理。围绕碳均衡目标，从能源强度、产业结构、能源结构等方面，以工业和交通运输业为重点，制定减碳的措施。

本书以"云南省现代管理与新型工业化研究基地项目——基于生态系统碳承载力的碳均衡目标实现机制研究"的研究报告为基础编写，杨红娟老师对本书的总体架构进行了把关，唐向阳研究员对本书所涉及的数据的收集付出了辛苦的劳动，裴红宇老师在模型的构建方面献计献策。研究生童祥轩和葛颖也对本书的编写给予了大力帮助。

在此，向他们及"基于生态系统碳承载力的碳均衡目标实现机制研究"课题组成员表示衷心的感谢。

由于作者水平所限，书中不妥之处，恳请读者批评指正。

作　者
2019 年 3 月

目　录

1 绪 论

1.1 研究背景和意义

1.1.1 研究背景

（1）气温升高、雾霾加剧。美国国家海洋和大气管理局发布的全球气候分析报告指出：2014~2015 年冬季，地球经历了 1880 年以来的最暖冬季，全球表面平均温度较 20 世纪的平均值偏高 0.79℃，高出原有的最暖冬季 0.04℃。中国滇藏高原区显著增暖趋势在 1961~1990 年开始出现[1]；云南省最高气温和最低气温的变化均呈明显的增温趋势，最高气温和最低气温的极大值都出现在 2010 年[2]。

政府间气候变化专门委员会（IPCC）第五次报告中指出：2011 年大气中的浓度 CO_2 达到 $391×10^{-6}$，该值较 1975 年升高了 40%；1880~2012 年全球海陆表面平均温度升高了 0.85℃。2015 年 12 月，雾霾再次袭击了包括华北、华东在内的大半个中国。

白万平等（2013 年）选取全球 161 年的时间序列数据，运用线性和非线性等方法检验了碳排放量和气温变化之间的统计因果关系，结果表明：碳排放量增加导致的大气中 CO_2 浓度升高是气温升高的原因，且气温递增大约滞后于碳排放量递增 29 年[3]。其实质是人类主要经济活动排放的 CO_2 超出了陆地、海洋生态系统的承载力[4]。

（2）低碳经济的成绩和碳排放量被高估的研究成果。中国政府已经向世界庄严承诺：将采取自主行动使 2020 年的单位 GDP 碳排放比 2005 年减少 40%~45%，非化石能源占总能源的比例达到 15%，新增加森林面积 4000 万公顷，增加木材蓄积量 30 亿立方米。中国低碳经济取得世人瞩目的成绩，2013 年碳排放强度与 2005 年下降了 28.5%，相当于少排放 CO_2 25 亿吨。森林是的主要承载子系统，2014 年 2 月 25 日中国国家林业局公布了第八次全国森林资源清查成果。清查显示，中国目前森林覆盖率达到了 21.63%，比第七次清查时提高了 1.27%，植树造林取得了一定的成绩。2015 年 12 月 6 日，云南省发改委相关负责人郑重声明，2014 年云南省碳强度较 2013 年降低 20.67%，较 2010 年降低 39.72%，超额完成"十二五"期间下降 16.5% 的目标任务。

由中国科学院上海高等研究院研究员魏伟团队联合哈佛大学、清华大学等

24 所科研机构组成的科研团队，历时 4 年开展针对中国实际情况的中国碳排放核算工作，统计了中国所有行业部门化石能源燃烧的碳排放及水泥生产过程的碳排放，覆盖了中国 99% 的能源消费量。因为灰分比较高的中国煤炭的平均含碳量约为 54%，而 IPCC 默认值为 75%，中国碳排放总量比先前估计低 10%～15%[5]。

1.1.2　研究意义

党的"十八大"报告、"十九大"报告提出，建设生态文明是关系人民福祉、关乎民族未来的长远大计。面对资源约束趋紧、环境污染严重、生态系统退化的严峻形势，必须树立尊重自然、顺应自然、保护自然的生态文明理念，把生态文明建设放在突出地位，融入经济建设、政治建设、文化建设、社会建设的各方面和全过程，努力建设美丽中国。

（1）理论意义。碳均衡目标的研究，有助于明晰生态文明的概念，丰富生态文明的理论体系；有利于完善我国现阶段生态文明建设目标的理论体系，进而丰富目标管理理论。

陆地生态系统碳承载力、碳源的界定对碳均衡目标制定的科学性有较重要的理论意义，能有力完善低碳经济发展视角的区域生态文明的外延。

（2）实践意义。云南省居于我国生态环境保护的前沿，处于伊洛瓦底江、金沙江、怒江、澜沧江、红河和珠江等 6 大水系源头或上中游，是全球生物多样性最为富集的地区之一。苔藓、蕨类、竹类种类占全国的比例均超过了 50%，被子植物、裸子植物、两栖类和淡水鱼类分别占全国的 43.9%、37%、42.3% 和 43.3%。

化石能源消费量是能源消费总量与一次电消费量的差，而丰富的水能资源使一次电（以水电为主）消费量与能源消费总量的比值远高于全国平均水平（见表 1-1）；热带、亚热带和温带森林组合增强了单位面积森林的碳承载力，达到 52.93% 的森林覆盖率，表明云南省森林面积位居全国前列，两者共同提高了云南省森林子系统的碳承载力。

表 1-1　2005～2012 年云南省和全国一次电与能源消费总量比值的比较　（%）

项目	2005	2006	2007	2008	2009	2010	2011	2012
云南	21.11	17.62	17.93	23.79	21.22	23.98	27.72	29.78
全国	6.8	6.7	6.8	7.7	7.8	8.6	8	9.4

然而，据《全国生态功能区规划》数据：我国轻度、中度、高度脆弱的生态环境类型区域面积分别占总面积的 14.35%、32.02%、53.63%，情况堪忧。

本书以生态地位尤其重要、能源消费结构较优的云南省碳承载力、碳排放量、碳均衡目标为研究对象，判定云南省的碳排放量是否超出了碳承载力，计算云南省碳超载量，研究碳均衡目标实现机制，为云南省低碳经济的发展和生态文明的建设提供决策依据。

1.2 相关概念的界定

1.2.1 陆地生态系统的界定

陆地与海洋是地球最重要的两大生态系统，其碳承载力是生态承载力的重要部分。陆地生态系统是一个植被–土壤–气候相互作用的复杂大系统，它由耕地（或农田）、园地、林地、建设用地、水域以及其他等生态子系统组成。云南是内陆省份，无海洋，所以海洋生态子系统不在本项目的研究之内。陆地是参与大气碳循环的主要生态子系统。其中，林地是陆地生态系统中碳承载力最强的子系统。

1.2.2 陆地生态系统主要承载对象的界定

陆地生态系统把大气中的 CO_2 作为原料，通过光合作用将其转变为人类和其他动物生存所必需的葡萄糖，即生态系统的碳循环实质是 "CO_2 循环" 的简称。CO_2 是光合作用所需要的原材料，人类无需实现也不可能实现碳的零排放。《联合国气候变化框架公约》虽然重视 6 种温室气体的减排，但主要把 CO_2 浓度控制在 $400×10^{-6}$ 以内，作为遏制气温增幅在 2℃ 以内的努力指标[6]。

中国现阶段碳强度目标只涉及 6 种 GHG 中的 CO_2，且只覆盖能源活动和水泥生产过程。根据国务院《关于印发中国应对气候变化国家方案的通知》（国发（2007 年）17 号），中国能源活动和水泥生产过程的 CO_2 排放超过全部 GHG 排放的 80%[7]。

水泥生产包括工艺排放和化石能源消耗排放两部分，两者合计约占到中国碳排放总量的 11.3%[8]。Schimel 的研究表明，人类活动中的化石燃料消耗和水泥生产是 CO_2 排放的主要来源，占人为碳排放总量的 78% 左右[9]。

现阶段，我国绝大多数碳减排目标的研究仅仅涉及到化石能源消耗部分，它在一定程度上有悖于国家碳强度目标的。中国水泥生产技术一般分为新型干法和传统方法，其中新型干法由预分解窑煅烧、现代粉磨、物料均化和计算机集散控制等先进生产技术组成，传统方法包括立窑、湿法窑、立波尔窑和中空干法窑等落后的煅烧设备。

新型干法与传统方法相比具有产品质量好、生产规模大、能量消耗低、劳动生产率高等特点。无论是哪一种方法，水泥工业生产工艺过程基本一样，主要包括：生料制备→熟料煅烧→水泥制成三个阶段。

水泥工业产生的 CO_2 主要包括两部分：

（1）能源消耗的二氧化碳排放，包括燃煤燃烧直接产生的二氧化碳和电力消耗间接产生的CO_2，这部分已经包括在能源消耗排放的CO_2部分；

（2）石灰质原料中碳酸盐分解释放的CO_2，化学方程式分别为式（1-1）和式（1-2）：

$$CaCO_3 \xrightarrow{\quad\quad} CaO + CO_2 \uparrow \qquad\qquad (1-1)$$

$$MgCO_3 \xrightarrow{\quad\quad} MgO + CO_2 \uparrow \qquad\qquad (1-2)$$

"碳"指来源于化石能源消费和水泥生产工艺原料碳酸钙、碳酸镁分解产生的CO_2；陆地生态系统的碳承载力的"碳"是指生态系统植被和土壤"净吸收"化石能源消费排放和水泥生产工艺原料碳酸钙、碳酸镁分解产生的CO_2。

1.2.3　碳均衡目标的界定

区域碳承载力是"区域陆地生态系统碳承载力"的简称，是区域内陆地生态系统能够承载化石能源消费活动和水泥生产活动碳酸盐分解产生的CO_2的质量的最大值。对于像云南、贵州等内陆地区来说生态系统只有陆地生态系统一种类型，区域碳承载力也可以简称为碳承载力。

设某区域第t年内化石能源消费和水泥生产碳酸盐分解排放的CO_2的质量为D_t（单位：$10^4 t\ CO_2$）（discharge of CO_2，简称 D） 与区域生态系统碳承载力B_t（单位：$10^4 t\ CO_2$）（bearing or carrying capacity of CO_2，简称 B）（t表示时间序列对应的年份）。

若存在$D_t < B_t$，则该区域的碳排放量在生态系统碳承载力范围之内；

若存在$D_t = B_t$，则表明该区域的碳排放量与生态系统的碳承载力刚好相等，即表示该区域刚好实现了碳均衡目标；

若存在$D_t > B_t$，则表明该区域的碳排放量超出了生态系统的碳承载力。

设$\Delta_t = D_t - B_t$（t表示时间序列对应的年份），如何缩小Δ_t的值并力争实现碳均衡目标是生态文明建设进程中的重要一环。

（1）$\Delta_t < 0$，即$D_t < B_t$。表示区域内化石能源消费和水泥生产排放的CO_2能被陆地生态系统净吸收并储存植被和土壤碳库中。该区域石能源消费和水泥生产排放的CO_2不会造成大气中CO_2浓度的升高。若各区域都出现了$\Delta_t < 0$的情形，则大气中CO_2的浓度将逐渐递减。

（2）$\Delta_t = 0$，即$D_t = B_t$。表示区域内化石能源消费和水泥生产排放的CO_2的质量等于区域碳承载力，表示该区域实现了碳均衡目标。即碳均衡是区域$D_t = B_t$的临界或理想状态，或区域碳排放量在碳承载力附近波动的一种状态，是区域碳均衡目标的简称。若各区域都实现了碳均衡目标，则大气中的CO_2浓度将稳定在现有水平上。

（3）$\Delta_t > 0$，即$D_t > B_t$。表示区域内碳排放量超出了碳承载力的范围，超出部分将积累在大气中并使得大气中 CO_2 浓度升高，进而导致地球表面极端天气和气温升高。

第一，若 Δ_t 呈现不断递增的趋势，则需要制定遏制 Δ_t 递增的目标和机制；

第二，若 Δ_t 表现为在某一个值上下波动的情形，则需要制定使 Δ_t 递减的目标和机制；

第三，若 Δ_t 呈现不断下降的变化趋势，则需要制定使 Δ_t 趋于零的目标和机制。

1.3 国内外研究现状

1.3.1 碳承载力研究的历史演进

20 世纪早期，承载力研究集中在生物承载力研究领域，生物学家的关注点集中在野生动物保护、野外种群增长观察、牧业载畜量管理等方面，多采用实验室模拟或野外直接观察法验证 Logistic 方程的拟合情况和种群数量极限的存在[10,11]。1949 年，美国的 Allan A. William 提出了土地人口承载力的概念：在不引起土地退化并维持一定生活水平的前提下，一个区域能永久供养的人口数量及人类活动水平[12]。

二十世纪六七十年代，全球性资源环境危机爆发，人类发展与自然界之间的关系问题受到学界的广泛关注，环境、资源承载力的研究成果递增。1995 年诺贝尔经济学奖获得者 Arrow 等在《Science》上发表的"经济增长、承载力和环境"一文，提出了环境承载力是经济活动是否可持续的判定标准，该观点在学界和政界产生了极大的反响[13]。20 世纪 90 年代初，加拿大生态经济学家 Willam 和 Wackemagel 提出生态足迹（ecological footprint）的概念，使承载力的研究从生态系统中的单一要素转向整个生态系统。

学界对生态承载力的认识还未达成一致（见表 1-2），从承载主体来看主要是环境系统、生态系统、地球生物圈等，承载的对象主要包括人群在内的种群数量、经济活动，承载力大小的描述包括容量、最大值、阈值、能力、限值等。

表 1-2 生态承载力的基本含义

基本概念	承载力的大小	承载主体	承载对象
某一特定环境条件下（主要指生存空间、营养物质、阳光等生态因子的组合），某种生物个体存活的最大数量[14]	容量或最大值：饱和水平（saturation level）、上线（upper limits）、最大种群数量（maximum populations）或 S 形曲线渐近线（asymptotes）[15]	种群以外的特定环境系统	种群

续表1-2

基本概念	承载力的大小	承载主体	承载对象
某种环境状态下，某一区域环境对人类社会经济活动的支持能力的阈值[16]	阈值	生态系统	经济活动
在维持环境系统功能与结构不发生变化的前提下，整个地球生物圈或某一区域所能承受的人类作用在规模、强度和速度上的限值[16]	限值	地球生物圈	经济活动的规模、强度和速度
在一定的时期和一定区域范围内，在维持区域环境系统结构不发生质的改变，区域环境功能不朝恶性方向转变的条件下，区域环境系统所能承受的人类各种社会经济活动的能力[16]	能力	区域环境	经济活动

1.3.2 陆地生态系统碳承载力的研究现状

陆地生态系统碳承载力定义为某一区域内各种植被每年所能吸收固定 CO_2 的质量[17]。

表1-3是度量陆地生态系统单位时间单位面积固碳量的三种方法，GPP 表示单位时间单位面积内植被总的固碳质量、NPP 表示单位面积单位时间内植被的净固碳质量、NEP 都能表示生态系统的净固碳质量。

表1-3 度量陆地生态系统单位时间单位面积固碳量的三种方法

相关术语	英文缩小	含　义
总初级生产力	*GPP*（gross primary production）	一个陆地生态系统中单位面积植物通过光合作用固定的碳的总质量。总初级生产量是 GPP 与面积的乘积
净初级生产力	*NPP*（net primary production）	表示总初级生产量减去植物自养呼吸（*RA*）后的剩余碳的质量。*RA*（autotrophic respiration）表示陆地生态系统自养呼吸后排放的碳的质量．三者之间可用关系式 *NPP*＝*GPP*－*RA* 表示，净初级生产量就是 NPP 与面积的乘积
净生态系统生产力	*NEP*（net ecosystem production）	表示一个生态系统植被的净初级生产量减去植被异养呼吸排放的碳质量的差。三者之间可以用关系式 *NEP*＝*NPP*－*RH* 表示，*RH*（heterotrophic respiration）表示植物枯枝落叶分解向大气排放的和植物碎屑向土壤转移的碳的质量的和。净生态系统生产量是 NEP 与面积的乘积

表 1-4 是国内学界关于单位时间单位面积某类型陆地生态系统碳承载力的度量和生态系统的分类方法，肖玲等（2013 年）[18]、邱高会（2014 年）[19]、赵先贵等（2013 年）[17]森林、草地等采用 NEP 而农田则采用 NPP 度量单位时间单位面积相应子系统的碳承载力。同样是 NEP 值赵先贵等（2013 年）[17]和肖玲等（2013 年）[18]的差距很大。

关于陆地生态系统的承载对象绝大多数以化石能源燃烧排放的二氧化碳为主[17-19]，也有包含所有温室气体的[20]。何云玲等（2013 年）采用不同子系统的 NPP 值来度量单位时间、单位面积相应子系统碳承载力，并研究了昆明的碳汇量[21]。

表 1-4　陆地生态系统的细分和单位时间单位面积碳承载力的 NEP 或 NPP 度量

生态系统的细分及单位时间单位面积承载力的度量	文献来源
将生态系统分为林地（无）和主要农作物所占用的耕地（无）	顾晓薇（2012 年）[20]
森林（NEP = 1.43）；草地（NEP = 0.36）；城市绿地（NEP = 0.62）；园地（NEP = 1.43/3）；农作物（NPP 值，即生物量法）	肖玲，等（2013 年）[18] 邱高会（2014 年）[19]
森林（NEP = 3.8096）；草地（NEP = 0.9482）；农作物（NPP 值，即生物量法）	赵先贵（2013 年）[17]
林地（NPP = 6.75）、草地（NPP = 5.576）、耕地（NPP = 3.971）、建设用地（NPP = 0.999）、低生产地（NPP = 1.168）、湿地（NPP = 12.070）、水域（NPP = 5.507）	方恺，等（2012 年）[22]

注：单位为 $tC/(hm^2 \cdot a)$。

1.3.3　碳均衡目标的实现机制研究现状

Houghton 等（1999 年）定义碳均衡的概念，即区域碳源与碳汇相等时的状态[23]；徐玖平、何源（2010 年）提出了生态碳均衡的概念，即人工生态系统和自然生态系统碳循环间达到一种相对稳定状态，基于四川地震对碳循环的破坏研究了实现生态碳均衡的框架思想[24]。钟晓青等（2013 年）将碳均衡定义为碳源和碳汇相等时的理想状态，研究了基于碳源与碳汇对接的"碳均衡"基础上的全球温室气体减排理论框架及解决方案[25]；钟晓青等（2012 年）认为碳均衡和碳中和的含义相当，碳均衡或碳中和都是指超额排放的 CO_2 的中和或均衡[26]。

张萍（2008 年）认为自然界的碳循环是一个动态的平衡过程，低碳经济的发展需要同时专注于碳汇的加法和碳源的减法两方面，仅仅专注于某一方面的低碳经济发展有失偏颇[27]；杨立等（2011 年）以河北省曲周县为例研究了土地利用变化对碳平衡的影响[28]；杨志诚（2012 年）认为碳平衡是指碳"源"和碳"汇"的平衡，或是碳排放和碳吸收的平衡[29]。广义上的碳是指温室气体，即根

据《京都议定书》规定减排的 6 种温室气体和其他一切有害气体；狭义上是指 CO_2，因为 CO_2 是最主要的温室气体。

另一种碳平衡是针对森林、草地、耕地等陆地生态系统而言的，王兵、王燕等（2008 年）认为森林生态系统碳平衡包括输入和输出两个过程，输入与输出的差值即为生态系统的净生产量（NEP），若 NEP 为正，表明生态系统是 CO_2 汇；若为负，则是 CO_2 源[30]。

1.3.4 研究述评

（1）陆地生态系统分类即承载主体不统一。承载主体见表 1-4。以方恺（2012 年）[22]分类相对全面，以顾晓薇等（2012 年）[20]分类相对简单，其他学者多介于两者之间[17-19]。不统一的陆地生态系统分类将给区域碳承载力的计算结果带来差异性。

（2）单位面积、单位时间碳承载力的度量方法不统一。肖玲等（2013 年)[18]、赵先贵等（2013 年）[17]采用 NEP 来度量单位面积单位时间森林、耕地、草地等子系统的碳承载力，而方恺等（2012 年）采用 NPP 度量的[22]。中国陆地生态系统的 NEP 约为 NPP 的 49%[31]，可见选择 NEP 或 NPP 来分别度量单位时间单位面积生态子系统碳承载力将导致完全不同的区域碳承载力的研究结果。

（3）陆地生态系统承载对象也未达成一致。多数研究成果仅仅将化石能源消费排放的 CO_2 作为承载对象，而事实上某些区域水泥生产过程中碳酸盐分解产生的 CO_2 所占份额可能超过了 20%。

碳均衡是碳源和碳汇相等的状态，CO_2 是生态系统光合作用合成人类所需要能源的重要原料，人类实现碳均衡以力争控制大气中 CO_2 浓度在某一个合理水平是低碳经济发展永恒追求的目标。

综上所述，生态系统的界定、生态系统承载对象、单位面积碳承载力的度量的不统一，造成碳均衡目标的制定、分解、考核缺乏理论依据，致使我国现阶段政府生态文明建设决策出现失误。

以国家土地分类为基础，对陆地生态系统进行细分，根据碳循环的特点选择 NEP 作为单位时间、单位面积陆地生态子系统碳承载力的度量标准，计算区域碳承载力；将化石能源消费和水泥生产过程中碳酸盐分解产生的二氧化碳作为碳源，构建碳排放测算模型；计算碳超载量的大小，研究碳均衡目标实现机制。

1.4 主要研究内容和主要方法

1.4.1 主要研究内容

首先，本书将从碳均衡、碳超载、碳锁定的关系出发，理论探讨区域较长时期出现碳超载现象的后果，研究碳锁定的判定模型，进一步阐述云南省实现碳均衡目标的重要性。

其次，从承载主体——陆地生态系统的概念出发，对陆地生态系统进行二级分类，以确保陆地生态系统分类的完整性和相应面积数据获取的便利性；研究单位时间、单位面积二级陆地生态子系统碳承载力的度量。以此为基础，研究陆地生态系统碳承载力的模型，并以云南省为例进行实证研究。

再次，构建区域化石能源燃烧和水泥生产的碳排放量计算模型，对云南省进行实证研究。研究碳超载量的判定模型，根据云南省近七年碳承载力和碳排放量的数据，研究云南省碳超载量的情况。

最后，根据云南省碳承载力、碳排放量、碳超载量的变化趋势，研究碳均衡目标实现机制。碳均衡是区域碳均衡的简称，即某区域某一年化石能源燃烧和水泥生产碳酸盐分解产生的二氧化碳的质量和该区域所有陆地生态子系统碳承载力的和相等时的状态。

1.4.2　主要研究方法

（1）模型构建法。采用生态系统生产力法构建陆地生态系统碳承载力、区域碳排放量的计算模型和区域碳超载量的判定模型，以计算云南省陆地生态系统碳承载力、碳排放量。生态系统生产力分总初级生产力、净初级生产力、生态系统生产力。其中，净初级生产力反映了某一自然体系的恢复能力。选取其中的一种生产力用来度量某一年单位面积陆地生态系统碳承载力，以此为基础，构建碳安全、碳均衡、碳超载的判定模型。

（2）时间序列法。研究 2007~2013 年陆地生态系统碳承载力、区域碳排放量的时间序列，以直观地描述云南省碳超载量出现的时间、变化趋势，为云南省政府生态文明建设提供理论指导。以碳安全、碳平衡、碳超载的判定模型为基础，通过时间序列数据分析云南省何时从碳安全变为碳超载。

（3）文献研究法。借鉴相关研究成果，研究陆地生态系统、碳安全、碳超载、碳均衡的基本概念。以区域陆地生态系统碳承载力、区域碳排放量的测算模型和碳安全、碳平衡和碳超载的判定模型，通过文献研究查阅经济学中一般均衡和纳什均衡理论，对碳均衡进行明确的界定。利用碳锁定理论，分析碳超载的严重后果；利用路径依赖理论分析碳锁定很难自动解除。结合路径依赖理论、纳什均衡理论、目标管理理论等，提出云南省碳均衡目标实现机制。

（4）系统分析法。云南省陆地生态系统是一个系统，采用钱学森的“系统论”或“系统观”的思想，分析陆地生态系统的碳承载力功能；把云南省视为一个相对封闭的区域，其经济系统排放的 CO_2 作为陆地生态系统的输入，超出部分则储存在大气中，进一步造成大气中年 CO_2 浓度的增高，并促进地球平均气温增幅的加速。

1.5 本章小结

　　承载主体是陆地生态系统，承载对象是化石能源和水泥生产碳酸盐分解排放的二氧化碳。碳均衡是指陆地生态系统碳承载力和化石能源、水泥生产碳酸盐分解排放的碳相等时的临界状态。

2 碳循环和生态文明

2.1 碳循环与气候变化

2.1.1 生态系统的碳循环

自从国际生物学计划（IBP 1969~1974年）实施以来，学界加大了生态系统碳循环的研究。生态系统的绿色植物通过光合作用将大气中的 CO_2 转变成有机碳，进而产生包括人类在内的几乎所有生命有机体所需的物质和能量。同时，植物、土壤微生物等通过自养呼吸、异养呼吸，向大气释放一定的 CO_2。生态系统通过光合作用吸收大气 CO_2 和通过自养呼吸、异养呼吸向大气释放 CO_2 的过程，即为碳循环的过程。

陆地生态系统由耕地（或农田）、园地、林地、建设用地、水域以及其他等生态子系统组成。为陈述方便，下文简称生态系统。其中，森林生态系统的碳循环能力最强，它储存了陆地生物圈有机碳地上部分的 76%~98% 和地下部分的 40% 左右，所以备受国内外学者和联合国政府间谈判委员会的关注。森林生态系统的碳循环见图 2-1。

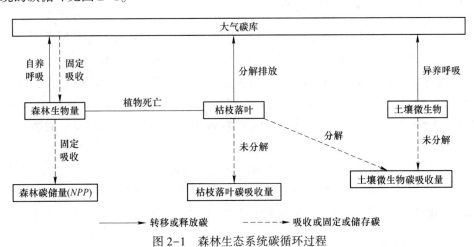

图 2-1　森林生态系统碳循环过程

2.1.2 碳排放量变化趋势

中国化石能源消费产生的二氧化碳在2001~2013年间保持快速增长，2014~

2016 年呈缓慢递增趋势, 2017 年呈明显的递增趋势[32]。

2017 年 11 月 13 日, "全球碳项目"(Global Carbon Project)在波恩气候大会上发布的《2017 全球碳预算报告》指出, 到 2017 年底, 全球化石燃料及工业二氧化碳排放总量预计将比上年增长 2%(不确定度在 0.8% ~ 3% 之间)。该报告称, 2017 年中国的碳排放占全球总量的 28% 左右, 且其较 2016 年将递增 3.5%。这意味着, 中国碳排放量在 2015 年、2016 年的下降趋势不能持续。

2.1.3 大气二氧化碳浓度的变化

生态学的负载定额规律是指: 一般地, 生态环境的生物生产力通常都有一个大致的上限, 这种上限是由生物物种的自身特征及其可以利用的能量和其他资源决定的, 每一生态系统对任何生物物种的压力也有一定的极限, 超过这一极限就会引起系统的损伤和破坏。

人类经济活动释放的二氧化碳超出了生态系统生物生产力的上限, 使得大气二氧化碳浓度呈现不断递增的变化趋势。世界气象组织报告表明: 2015 ~ 2017 年, 大气 CO_2 浓度分别为 $400.1×10^{-6}$、$403.3×10^{-6}$ 和 $405.5×10^{-6}$, 且增长趋势明显。2018 年 12 月 5 日, "全球碳计划"研究人员发布调查报告: 2017 年、2018 年全球碳排放量的增幅分别达到 1.6% 和 2.7%。2018 年, 与化石燃料相关的二氧化碳排放量将达到 371 亿吨, 大气中的二氧化碳总浓度也将达到历史最高水平, 比工业化之前的水平高出大约 45%。

2.1.4 碳排放对全球变暖的影响

IPCC 第四次气候评估报告指出在过去近 100 年中 CO_2 对全球变暖的贡献超过 70%, 超过 80% 的 CO_2 来源于化石能源消费。白万平等(2013 年)研究表明, 碳排放量和气温变化之间的统计因果关系[3]。作为气候变化的敏感区, 中国 1951 ~ 2017 年地表气温增幅为 0.24℃/10 年, 高于全球 0.13℃/10 年的水平; 2046 ~ 2065 年, 平均最高、最低气温增幅较 1986 ~ 2005 年超过 2℃ 的概率大于 66%[33]。

1992 年, 联合国提出了 "2100 年, 大气二氧化碳(CO_2)浓度不超过 $400×10^{-6}$, 气温增幅不超过 2℃"的目标。2015 年, 大气二氧化碳浓度达到 $400.1×10^{-6}$, 超过了联合国气候变化组织关于 2100 年大气二氧化碳浓度的控制目标。

2.2 生态危机

2.2.1 生态危机的内涵

包括中国在内的发展中国家纷纷出现了生态危机。中国华北、华东绝大部分地区持续出现的严重雾霾现象验证了过度开采、使用化石能源是违背自然规律的行为。

森林生态系统是地球承载能力最强的生态子系统，然而，柬埔寨、玻利维亚、印尼、喀麦隆、哥伦比亚等国的森林生态系统又在受到人类的不断破坏，其非法采伐占有全部木材产量的比例最高分别为90%、80%、51%、50%、42%。巴西亚马逊热带雨林中蕴藏着全球一半以上的动植物种类，是世界自然资源宝库。然而，据世界自然基金会（WWF）报道，已经有1亿公顷森林被砍伐殆尽。近10年来印尼每年约有200多万公顷热带雨林遭到人为毁灭；俄罗斯每年从远东地区非法采伐的木材约150万立方米，广袤的林海因此变成荒地、荒漠或泥炭沼泽，森林生态系统濒临崩溃。

2.2.2 生态危机的原因

2.2.2.1 经济增长超过了地球承载力

自20世纪中期以来，西方社会就开始了对现有生态文明水平及决定文明水平的行为方式的反思。罗马俱乐部于1972年发表了《增长的极限》，指出"自工业革命以来的粗放型经济增长方式将给地球带来毁灭性灾难"，第一次提出了地球的承载力和人类社会发展都有极限的观点。丹尼斯·米都斯（1997年）认为如果世界人口、工业化、污染、粮食生产和资源消费按现在的趋势继续下去，那么一百年左右地球可能出现人口和工业生产力不可控制的衰退[34]。1992年《增长的极限》（第二版）中再一次明确指出：人类的部分需要及满足需要的行为方式已经超出了地球的承载能力，世界经济的发展和生态环境已处于一种危险状态，如粮食短缺、人口爆炸、环境污染、能源危机、臭氧层破坏等。2004年《增长的极限》第三版问世，数据的更新愈加证明《增长的极限》警告的必要性和紧迫性。

美国的未来学家阿尔温·托夫勒揭示不顾生态与社会危险追求国民生产总值是生态危机的根源。哈贝马斯（2000年）认为经济增长机制是世界各地不同程度出现生态危机的根源[35]。经济增长目标机制和生态危机的关系见图2-2，人类社会为了实现经济增长目标，必须要不断提高产品产量；为了能让产品能销售出去，则需要不断增加人口数量；为了确保生产目标的完成则需要不断开发和掠夺自然资源；资源的掠夺式开发、人口数量的几何级数的递增、产品生产过程和使用周期内不断向自然生态系统排泄废弃物等超过了自然生态系统的承载能力，进而导致生态危机现象的出现，并呈现不断加剧的趋势。

2.2.2.2 资源开发和废弃物的净化均超过了生态系统的承载力

生态系统承载力是生态系统对放射性废料、二氧化碳等温室气体、废热、二

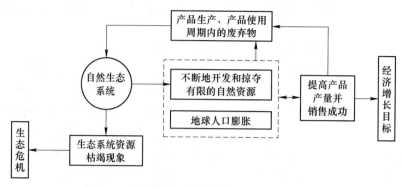

图 2-2　经济增长目标机制与生态危机的关系

氧化硫、人口等的承载的极限。生态危机表现为地球生态系统的资源尤其是不可再生资源的开采、人类为实现经济增长目标不断生产消费产品过程中向地球生态系统排泄的废弃物、为确保经济增长目标而不断增加的人口数量等超出了地球生态系统的承载能力，表现为人与自然生态系统的关系不和谐。

一方面，生态危机是由于人类的生产、生活活动对自然资源的需求大于自然生态系统的供给速率，导致对资源的国度、不合理开发，进而导致生态系统退化、严重破坏，使得矿产资源、化石能源等不可再生资源面临枯竭的趋势。

另一方面，生态危机体现在人类大量生产、大量消费产生的废弃物超过了生态系统的自净能力，导致大气、水体、土壤等生态子系统的二氧化碳、二氧化硫、重金属等废弃物的浓度升高。

它是人类在寻求生存与发展过程中不合理的生产生活方式而产生的对生态环境结构和功能的破坏而造成的，归根结底是由人改造自然的行为所形成的人与人之间的关系即自然价值在人们之间、这一部分人与那一部分之间、前代人与后代人之间进行的分配关系造成的，它将引发严重的社会危机。生态危机不仅没有明确的周期性，更由于环境保护和生态危机治理的长期性、公益性与资本周转和资本逐利的逻辑相背离，致使环境问题长期被边缘化。

2.2.2.3　人与自然的主奴关系

曹孟勤（2007 年）指出生态危机的实质是人性的危机，是人在自然面前迷失了自我，改变人性、建立节约型社会是解决当前生态危机的正确道路[36]。人与自然的主-奴关系是导致人性缺乏的根本所在，无论是人属于自然还是自然归属于人的看法，都是人与自然主奴关系的反映。从人与自然关系的本质上看，自然既不是人的一部分，人也不是自然的一部分，而是人即自然，自然即人。当人与自然世界在本质上融为一体后，关爱自然亦即关爱自己，关爱自己亦即关爱自然，保护自然环境就成为人不得不承担的道义。

2.3 生态文明

2.3.1 生态文明的内涵

虽然生态文明已经成为我国的国家意志,但其内涵颇具争议,含义未得到统一,见表2-1。

表2-1 生态文明的不同定义

代表学者	观 点
王增智 (2015年)[37]	(1)生态是生物与环境的积极关系或消极关系,可分为积极生态和消极生态。积极生态是互惠的、相生相克的良性秩序关系; (2)积极生态的判定有5个原则,和谐、美丽、稳定、完整和动态平衡; (3)文明的修辞用法有两种:作为修饰语的文明如文明行为,作为被修饰语的文明如生态文明、农业文明、工业文明。无论是哪一种,其都与野蛮、粗暴相对立; (4)不同时代的文明均与生产、生活工具有关。通过工具的创新建立人与生态系统的新型生态关系,但不一定是积极生态; (5)生态文明思想发轫于资本主义工业化的生态危机。生态危机的实质是人类的经济活动对自然资源的索取速度超过了自然资源自身及其替代品的再生速度和向环境排放废弃物的数量超过了环境自身净化能力的结果。生态文明的核心是文明生态,即构建积极生态
张旭平 (2001年)[38]	生态文明是相对于古代文明、工业文明而言的一种新型的文明形态,它是一种物质生产与精神生产都高度发展,自然生态和人文生态和谐统一的更高层次的文明
申曙光 (1994年)[39]	生态文明是具有人—自然系统的整体价值观和生态经济价值观的文明形态
邱耕田 (1997年)[40]	指人类在改造客观世界的同时又主动保护客观世界,积极改善和优化人与自然的关系,建设良好的生态环境所取得的物质与精神成果的总和。自从人类文明产生以来,生态文明与物质文明、精神文明相伴而存在
卢风 (2017年)[41]	工业文明的结构导致了生态危机,生态文明就是要打破工业文明的"大量生产、大量消费、大量排放"的物质环境、制度环境、价值观念,建立"减量生产、减量消费、减量排放"的物质环境、制度环境、价值观念

以上观点为生态文明概念的界定提供了良好的理论基础。相对来说,王增智(2015年)[37]、卢风(2017年)[41]关于生态文明的观点更具有可操作性。前者强调人类经济活动(生产和消费活动)不能超出生态系统的资源再生速率和废弃物净化能力的上限,依据生态系统的资源再生速率和废弃物净化能力的上限构建经济制度、社会制度,进而构建积极生态、和谐生态。后者强调通过减量生产、减量消费、减量排放以缩小直至实现人类需求和生态系统生物生产力的平衡。

综上所示，生态文明有以下含义：

（1）人类生产、消费价值观的修正、完善。消费是生产的源头。人类需要将生态系统生物生产力、生态系统承载力作为标准，重新界定自身的需要，进而选择生产规模、生产方式、生产类型等。

（2）人类生产、消费行为的修正、完善。选择可替代性资源进行生产，改进生产流程以减轻污染物排放和提高资源利用效率。比如发展低碳经济、循环经济，并通过立法进行约束。

（3）目标是构建积极生态，减轻最终消除生态危机。

2.3.2　生态文明建设的路径

（1）在生态承载力范围内安排经济活动。生态既包括人与自然关系的生态，也包括人与人关系的生态，而且人与自然关系的生态和人与人关系的生态之间又是不可分割且相互制约的，"生态文明"的实质就是人与人关系文明和人与自然关系文明的统一（见图2-3），即在生态承载力阈值范围内安排经济活动。

事实上，人类文明的发展史就是人与自然、人与人的关系史，即自然生态、人类社会关系的变迁决定着人类文明的兴衰演替，玛雅文明、古埃及文明、古印度文明、古巴比伦文明和楼兰文明等古代文明的衰落验证了这一观点。生态文明的二维描述如图2-3所示。

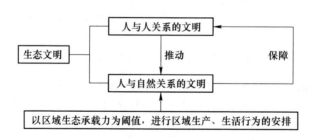

图2-3　生态文明的二维描述

（2）人类需求与生态系统的生物生产力相平衡。在自然生态系统的承载力范围内安排人类的生产、生活活动是建设生态文明的必然选择，人类的生产、生活活动若长期超出自然生态系统的承载力，则自然生态系统就会报复人类，进而出现生态危机。以能源消费为例，若人类能源消费量过大，不仅产生大量的超出自然生态系统承载力的二氧化碳，作为全球变暖的主要因子，它将推动自然生态系统的气温上升，目前全球气温平均上升速率为0.013℃/10年。气温是气候变化最重要的因子，若升高幅度过大、时间过长，则生态环境系统本身的调节和修复能力就会受到严重破坏[42]。可见，生态文明建设的实质就是要在自然生态系统承载力范围之内控制人口数量、安排人群的生产和生活行为。

2.4 我国生态文明建设的战略目标

2.4.1 生态文明建设已经上升为国家战略

我国关于生态文明的提出主要源于生态危机的出现和加剧，2002 年春原林业部在《中国林业发展战略研究报告》指出了必须把中国林业发展战略方向转变到以生态建设为主的轨道上来，并提出了生态建设、生态安全、生态文明的"三生态"发展指针，并反映在 2003 年的《中共中央国务院关于加快林业发展的决定》（中发〔2003〕9 号）中。

2005 年，胡锦涛主席在中央已经明确提出了包括人和自然和谐要求的科学发展观的情况下，又进一步指出要"在全社会进行生态文明教育"；2007 年，"生态文明"正式进入了十七大报告并成为报告中的一个亮点，且将"生态文明"译为 conservation culture。时任中国工程院分管生态和环境领域的副院长沈国舫先生认为"conservation culture 仅仅意味着一种保护自然的文化，不足以体现生态文明的丰富内涵"。2007 年后，学界普遍认可了 ecological civilization 的译法。

2012 年党的十八大文件把"生态文明建设"翻译成了 ecological progress，按字面意思就是"生态进步"。沈国舫先生在 2012 年 12 月召开的中国环境与发展国际合作委员会年会上，与国外环境与发展界的专家们进行沟通，认为 ecological progress 含义太窄，还是用 ecological civilization 较为贴切。可见，国家不仅把生态文明上升到了战略高度，更主要的是体现了党中央"提高生态系统的承载力，减轻生态危机"的坚定信念和决心。

2.4.2 我国生态文明建设的目标

王彦彭（2012 年）[43]指出长期以来虽然对生态环境保护的投入不断提高，但经济增长对资源的消耗已经超过生态环境的承载能力和自我恢复能力，我国生态环境处于"局部好转、总体恶化"的状况中，生态环境治理能力赶不上破坏速度，生态赤字不断扩大。生态环境的恶化与承载能力的弱化日益凸显，越来越成为制约经济社会发展的瓶颈。

其主要目标是：（1）基本形成节约能源资源和保护生态环境的产业结构、增长方式、消费模式；（2）形成较大规模的循环经济，显著提升可再生能源比重；（3）有效控制主要污染物排放，明显改善生态环境质量；（4）在全社会牢固树立生态文明观念。该目标的建立不仅是我国经济发展理念的理论升华、发展模式的根本转变，而且是面对日益严峻的世界环境问题，主动承担起大国责任的庄严承诺。

党的十九大报告进一步提出："把生态文明建设放在突出地位，融入经济建设、政治建设、文化建设、社会建设和全过程，努力建设美丽中，实现中华民族

永续发展"，把建设美丽中国作为建设生态文明的具象化目标，"美丽中国"正是中共中央对民众生态诉求在实践层面的积极回应。换言之，"美丽中国"是生态文明建设的具象化目标。

自提出建设生态文明依赖，相关研究十分活跃，成果海量涌现。党的十九大报告把生态文明建设提升到前所未有的高度，并对"大力推进生态文明建设"提出了新要求、新部署，生态文明再次成为当前学术界及社会各方关注的重点。"必须更加自觉地把全面协调可持续发展作为深入贯彻落实科学发展观的基本要求，全面落实经济建设、政治建设、文化建设、社会建设、生态文明建设，五位一体的总体布局，促进现代化建设各方面相协调，促进生产关系与生产力、上层建筑与经济基础相协调，不断开拓生产发展、生活富裕、生态良好的文明发展道路。"

2015 年 2 月 28 日，前央视记者柴静自费百万拍摄的环保纪录片《穹顶之下》通过多家网站播映后，引爆了公众对该纪录片的关注和对雾霾的讨论，加强生态文明建设力度迫在眉睫。对雾霾严重地区来说，生态文明建设的首要目标之一就是消除雾霾的根源、减轻乃至消除雾霾，让百姓能够尽早看见蓝天白云，让孩子们能够在蓝天白云下尽情玩耍、嬉戏。

"十三五"发展规划指出：面对日趋强化的资源环境约束，必须增强危机意识，树立绿色、低碳发展理念，以节能减排为重点，健全激励与约束机制，加快构建资源节约、环境友好的生产方式和消费模式，增强可持续发展能力，提高生态文明水平。

可见，应对气候变化是生态文明建设的重要组成部分。规划指出：探索建立低碳产品标准、标识和认证制度，建立完善的温室气体排放统计核算制度，逐步建立碳排放交易市场是减少温室气体排放量、应对气候变化的一个重要路径。

2.4.3 碳排放考核目标

按照 2015 年中国政府向联合国气候变化框架公约秘书处提交的文件，到 2020 年，中国单位 GDP 二氧化碳排放将比 2005 年下降 40%~45%。到 2030 年，单位 GDP 二氧化碳排放比 2005 年下降 60%~65%，同时，二氧化碳排放将在 2030 年左右达到峰值，并争取尽早达峰。

2.5 本章小结

生态文明就是要通过改变类型的消费行为和生产行为，构建积极生态，减轻直至消除生态危机。低碳经济、循环经济等生产行为和消费行为是建设生态文明的重要行为方式。

3 碳锁定与碳超载、碳均衡的关系

3.1 碳锁定现象的特征

前央视记者柴静的《雾霾调查：穹顶天下》的推出一定程度上也验证了中国陷入了碳锁定的结论，在引起了学界关注同时，也进一步加深了环保人士对生态系统的担忧。Unruh 等（2006 年）[44] 和 Bertram 等（2014 年）[45] 等关于"全球陷入了碳锁定"的研究结论引起了学界的热烈讨论和深深的担忧。下列现象在一定程度上证明了全球出现了碳锁定现象。

3.1.1 碳排放量持续递增，且大气中的 CO_2 浓度持续升高

1961~2009 年，全球 CO_2 排放量由 94.34 亿吨增加到 324.22 亿吨，年均增加 3.18%。虽然从 20 世纪 70 年代开始，国际社会采取了积极行动进行气候变化的科学研究、科学评估和制定相关国际条约，但全球 CO_2 排放在 2012 年还在进一步增加，将达到创纪录的 356 亿吨[46]，减缓大气中 CO_2 浓度的升高已成为世界各国所面临的现实挑战。

2014 年 9 月 23 日，全球碳计划（Global Carbon Project）公布 2013 年度全球碳排放量数据。数据显示，2013 年全球人类活动碳排放量达到 360 亿吨，平均每人排放 5t 二氧化碳，创下历史新纪录。研究者们认为，碳排放量的增长与全球经济复苏和碳强度的增长有关，这在发展中国家尤其明显，并预测 2014 年全球碳排放量将达 400 亿吨。

3.1.2 气温增幅不断加大

虽然有关过去 1000 年里气温自然变化的关系还有很多问题需要研究，但是有一个无可争辩的事实是：在过去 1000 年中，20 世纪的气温是以一个全无所有的速度升高的，20 世纪后半叶的气温可能是几千年来最热的 50 年。关于 20 世纪气温急剧变化的原因，就目前的研究来看，人类活动所产生的温室气体起着很大的作用。IPCC 第五次报告指出，自 1880 ~ 2012 年，全球地表温度大约升高了 0.85℃。

近 50 年，中国气温增暖尤其明显，年平均地表气温变暖幅度约为 1.1℃，增温速率接近 0.22℃/10 年，比全球或半球同期平均增温速率明显偏高。这点与

《第二次气候变化国家评估报告》的结论基本接近。该报告指出，1951~2009 年，中国陆地表面平均气温上升 1.38℃。虞海燕等（2011 年）[47]研究表明，中国及各地区增温趋势均极显著增加，尤其近 20 年增温速率更快，2007 年成为有记录以来最暖的一年；中国冬季平均温度上升趋势最明显，春季次之，夏季几乎没有变化。韩翠华等（2013 年）[1]研究表明，1951~2010 年间，中国各区域气温均呈上升趋势，升温趋势最快的是东北区（0.30℃/10 年），最慢的是华南区（0.13℃/10 年）；各区域升温过程不同步，东北区与滇藏高原区显著增暖趋势在 1961~1990 年开始出现，而其他区域则发生在 1971~2000 年及 1981~2010 年。

3.1.3　中国的雾霾现象越来越严重

我国雾霾主要来源于化石燃料的使用，即煤炭和石油。由于煤炭一直在我国能源消费中占据到 70% 以上的份额，故学界一直将燃煤列为引发雾霾的罪魁祸首，其次才是汽车尾气（石油）。虽然新能源的发展使得煤炭的使用比例有所下降，但仍然高达 66%（2014 年），远高于世界平均水平（约为 30%）。2015 年 11 月 27 日至 12 月 1 日，中国北方大片地区也曾遭遇严重的雾霾天气；2015 年 12 月 5 日至 9 日，北京、天津、河北多地或出现中度霾，局部地区重度霾，夜间有雾，最低能见度低于 1 公里，给人们的出行带来了极大的不便。中国工程院院士、广州呼吸疾病研究所所长钟南山曾在某论坛上指出，近 30 年来，我国公众吸烟率不断下降，但肺癌患病率却上升了 4 倍多。这可能与雾霾天增加有一定的关系。不但浓雾缠绕、能见度非常低的天气会对人体健康产生影响，时而有雾、时而多云的天气也产生同样的问题。

3.2　国内外碳锁定的判定方法及述评

锁定现象来源于土木工程领域，意指涡频不随风速变化而被结构频率控制的现象。后被引用到经济发展中，在事物发展过程中，人们对初始路径和规则的选择具有依赖性，一旦做出决定，就很难改弦易辙，以至在演进过程中进入一种类似于"锁定"的状态，这种现象简称"锁定效应"。即锁定效应与路径依赖理论关系密切。

"路径依赖"（path dependence）最早是古生物学家提出的，经济学家 David、Arthur 等将其用来进行技术和制度变迁分析。到了 20 世纪 90 年代，该理论被广泛用于政治学、社会学和经济管理等学科，成为理解经济社会系统演化的重要概念。David、Arthur 认为，路径依赖是指经济系统的效率、报酬递增效应由初期的技术选择决定，或初期的技术路径决定了经济系统后期的效率和报酬递增效应。North 认为，路径依赖是指初期的制度框架决定了经济系统发展的路径，同时阻碍了其他效率可能更高的路径。进化博弈论认为路径依赖是改革者在选择发展路径时受到旧路径的约束。

可见，路径依赖是指经济、社会和技术系统一旦进入某一路径（无论是"好"还是"坏"），由于惯性的力量而不断自我强化，使得该系统现在或后期的发展锁定于这一特定路径。经济系统的演化过程中不可能逃避过去的发展路径、结构和结果的制约，所以技术和制度成为了区域经济发展重要的"历史载体"。经济系统的技术路径依赖性和制度路径依赖性共同导致区域经济发展的不平衡[48]。

3.2.1 碳锁定的研究现状

碳锁定是低碳经济中一个重要概念和理论，是西班牙学者 Gregory C. Unruh 在 2000 年提出的。"碳锁定"问题是后危机时代事关世界各国经济社会可持续发展的重大问题，学界多用该概念来解释低碳经济发展过程中的障碍、产生原因、低碳经济发展政策的制定。

Unruh et al（2006 年）[44]根据路径依赖理论，分析化石能源技术和低碳能源技术的发展过程和结果，认为经济系统对化石能源技术存在路径依赖，新能源技术难以获得竞争优势，结果造成经济系统的化石能源消费量（二氧化碳排放量）越来越大的现象称为碳锁定，并得出了全球出现了碳锁定这一结论。学界对这一结论展开了激烈的讨论，Bertram et al（2014 年）[45]、Foxon（2013 年）[49]、Nuno Bento（2010 年）[50]、李宏伟（2013 年）等[51]支持全球已经出现碳锁定的结论。Unruh（2006 年）[44]从竞争的角度提出的碳锁定的判定方法，新能源技术的竞争力量明显小于碳基能源技术，或者碳基能源技术牢牢占领市场地位，而新能源技术难以在竞争中获得优势的状态是碳锁定现象。Bertram et al（2014 年）[45]认为判定碳锁定需要三个条件：（1）气温升高；（2）能源密集型资本持续增加；（3）80%以上的 CO_2 排放量来源于化石能源。

国内学者对我国碳锁定的情况展开了研究。徐盈之等（2015 年）提出了通过综合锁定系数、部门内锁定系数、部门间锁定系数的研究得出了我国碳锁定形式总体上得到了较大改善[52]。周五七等（2015 年）以碳强度目标为出发点，认为中国工业各细分行业的碳排放强度普遍呈下降趋势，但高排放行业的下降速度较为缓慢；大多数工业行业的碳排放处于相对脱钩状态，高排放行业的碳排放脱钩指数高于中、低排放行业，且高排放行业和低排放行业的碳排放脱钩弹性的波动幅度较大[53]。郭进等（2015 年）借助投入产出模型对 1995～2009 年我国的碳锁定状况进行定量分析，研究结果表明：从 1995～2009 年，我国的碳锁定形势得到了较大改善，大部分产业部门从部门内和部门间两个层面实现了较大程度的碳解锁；通过构建技术层面的碳解锁结构方程模型，实证分析和检验实现中国碳解锁的技术进步路径；增加科技活动资金投入和人力资本投入以及改善科技活动

环境都会推动我国技术进步，进而实现我国的碳解锁[54]。徐盈之（2015 年）[52]、周五七（2015 年）[53]、郭进（2015 年）[54]、李宏伟（2013 年）等[51]普遍认为中国已经陷入了碳锁定状态，其主要是通过锁定系数、碳排放强度来进行的。

3.2.2 碳锁定的原因分析

Unruh & Hermosilla（2006 年）[44]认为，碳锁定的原因是全球能源需求量增长过快，而化石能源技术及其相应设施、能源管理部门及其制度、以汽车为基础的交通运输系统、消费文化等共同组成了稳定的技术-制度复合体（Techno-Institutional Complexes，TIC）；预测了中国将长期出现碳锁定效应，表现为火电厂的投资规模在不断增加。Yunfeng，Laike（2010 年）[55]和 Karlsson R.（2012 年）[6]分别了研究了中国碳锁定的主要原因，前者是火电业的疯狂扩张，后者是中央集权。国内学者关于碳锁定的研究主要集中在重点领域和形成机理、碳解锁的战略构想[56~58]，高能耗产业在经济结构中的比重过大、煤炭为主的能源生产结构和消费结构是碳锁定的主要原因。

碳锁定时间、趋势可归属为低碳经济目标管理研究，陈赟（2011 年）研究了低碳发展管理的重点，即碳排放削减比例目标的制定[59]；林秀群（2012 年）研究了不同目标执行路径对碳排放量的影响[60]；倪星等（2004 年）[61]和黄栋等（2011 年）[62]分别研究了政府绩效评估制度、绩效管理方式对低碳发展的影响。

中国未来研究会以国家为研究边界，采用减碳速度、减碳稳定性和低碳经济活力指标对 88 个国家 2004 年到 2007 年的低碳经济进行了评价，其中中国的减碳速度和稳定性分别排名 59 和 53，低碳经济活力指标得分为 51.2，综合排名为 55 位。

碳锁定是 Unruh 在路径依赖的基础上提出的，路径依赖是指事物发展锁定在过去选择的路径上，或系统的演化过程很难脱离其初始状态或过去经历的外界扰动，后由 David、North 将其引入到社会科学领域，分别建立了技术变迁和制度变迁的路径依赖理论。

路径依赖可分为三阶段：

（1）决策者搜寻信息、筛选方案的预先形成阶段。

（2）决策后的自我强化阶段。

（3）锁定阶段，路径被锁定在经济社会系统中并形成一种很难被外力改变或从内部突破的均衡状态。

如何判定碳锁定有两种观点：

（1）指化石能源密集型资本的显著增加状态（Bertram 等，2015 年）[45]。

（2）指化石能源技术锁定在经济社会中进而导致低碳能源技术推广、扩散困难的状态[44,51]。

前者是从能反映产业结构的资本结构来判断，后者是从技术市场竞争角度来分析。

3.2.3　关于碳锁定判定的研究述评

学界关于碳锁定的判定还未达成一致的观点。以上研究为政界、学界低碳经济的发展提供了强有力的数据支撑和理论基础，但存在以下不足：

3.2.3.1　路径依赖理论本身的缺陷让学界、政界难以信服

路径依赖理论试图建立社会经济效率、效益和技术、制度的关系的规律，指出经济系统的发展演化难以冲破初期技术、制度的选择，进而得出经济系统的发展轨迹将锁定在初期的技术或制度轨迹中，旨在打破传统经济学的一般均衡分析思想。它具有一定的合理性，但也存在难以解释的内在缺陷。

首先，该理论仅仅注意到初期的技术方案的选择、制度的设计对经济系统演化的影响，而忽略了其他要素对系统演化过程的影响。事实上，经济系统的每一次大的变革都是多种因素共同作用的结果。初期的技术方案、制度方案对经济系统的演化或变革会产生一定的阻力，而其他力量如用户的评价、对手的新技术或新制度等和初始力量进行博弈，当前者大于后者时，系统的改革势不可挡。其次，经济系统的主体是具有能动性的人，人类具有不断创建新路径的主观能动性。把碳锁定和路径依赖理论关联在一起，一定程度上否定了人类的主观能动性。

再者，人类改革的主观能动性来源于多个方面，当人类认识到大气中二氧化碳浓度上升到足够高以至于影响到人类生存时，经济系统的主体一定会主动进行改革。

3.2.3.2　国内与国外关于碳锁定的结论不一致

徐盈之等（2015年）[52]和郭进等（2015年）[54]关于我国碳锁定形式总体上得到了较大改善的结论与（Bertram et al，2014年）[45]、Unruh（2006年）[44]的观点存在一定的矛盾。后者认为包括中国在内的绝大多数发展中国家和发达国家都已经陷入了碳锁定状态，且深度在不断加深。化石能源密集型资本因路径依赖产生巨大的增长惯性进而使区域在某个时间、区域内产生碳锁定现象，包括中国在内的绝大多数国家尤其是工业化国家因其经济发展很难离开碳密集型能源而陷入了碳锁定状态，每一个新建的火电厂和能源密集型企业的投资都将加深碳锁定[63,64]。以化石能源为基础的电力生产技术、政府管理机构、相关制度相互形成的强大社会复合体产生了强大的垄断力量进而将低碳技术阻挡在经济体之外是碳锁定的内在机理[44]。

3.2.3.3　碳锁定减轻的结论与气温变化趋势、雾霾加重现象不吻合

徐盈之等（2015年）[52]和郭进等（2015年）[54]关于我国碳锁定形式总体上得到了较大改善的结论与不断上升的气温和日益严重的雾霾相矛盾。

从地理分布看，中国华北、东北、西北地区比西南、华南升温现象明显。青藏高原与全国年均气温之间有较好的相关性；青藏高原与全国年平均气温均变暖趋势明显，其中青藏高原年平均气温的线性趋势为 0.228℃/10 年，全国为 0.226℃/10 年，青藏高原气温增幅略高于全国平均水平[65]。

属于滇藏高原的西南地区是祖国的生态屏障，是碳承载力最强的地区。西南地区年平均、年平均最高、年平均最低气温的空间变化均具有很好的整体一致性，反映了年平均和年平均最高气温在 1960 年到 1980 年中期经历了一个由暖变冷的过程后，1980 年后期开始呈现明显上升趋势，而年平均最低气温从 1970 年开始呈单调上升趋势，青藏高原上大多数区域日最低气温增温幅度是日最高温度的增温幅度的 1~3 倍[66]。

黄河源区 1960~2012 年气温呈现以下时空变化规律：

（1）黄河源区气温呈增加趋势，增长率分别为 0.29℃/10 年，且升温幅度高于青藏高原的，为全国异常变暖区之一。

（2）气温在 20 世纪七十年代末至八十年代中期显著偏低，1986 年之后迅速回升，进入显著高温期。

（3）气温在全年都呈升高趋势，相对来说冬季升温更明显。

（4）黄河源区气温从西部向东部、北部和东南部地区升高，表现出以西部地区为中心，呈同心圆向四周升高的空间变化规律[67]。

3.2.3.4　气温升高不稳定

Bertram et al（2014 年）[45]、Unruh（2006 年）[44]关于化石能源资本持续上升、气温持续上升的碳锁定的判定存在一定的不足。气温升高虽然是一个总体趋势，但是存在一定波动。当出现气温下降时，容易动摇学界碳锁定判定的科学性，也容易动摇政界解除碳锁定的决心和制度的制定。

从社会发展速率看，社会绝大多数的资本都以一定的速率在递增，所以能源密集型资本持续增加也只是一个绝对值，缺少相对值佐证的数据不一定能有足够的说服力。以云南昆明为例，近 40 年来昆明地区气候变暖趋势明显，1971~1990 年变暖趋势相对缓慢，进入 1990 年以来气候变暖加剧；秋冬季变暖比春夏季变暖更为突出；最低气温增温趋势比最高气温、平均气温更为明显，低温增温对气候变暖贡献突出；进入 1990 年后期，昆明地区气候变暖伴随气温突变出现，1998 年昆明地区各区域年平均气温和年平均最低气温都存在气温突变现象[68]。

3.2.3.5 未把碳吸收端纳入进来统一考虑

无论是 Unruh（2006 年）[44]还是 Bertram 等（2014 年）[45]，或者徐盈之等（2015 年）[52]和郭进等（2015 年）[54]，其研究的焦点是人类经济活动的碳排放端。事实上，碳不仅是人类生存和发展离不开的物质和能源，碳循环需要把人类经济活动、生态系统的光合作用、自养呼吸、异养呼吸等纳入一个系统中来分析。

在这个系统中，绿色植物通过光合作用，将大气中的 CO_2 转变成有机碳。它是几乎所有生命有机体的物质和能量的基础。*GPP*、*NPP*、*NEP* 既是生态系统物质和能源生产力的指标，又是人类经济系统和生态系统关系是否健康的重要指标。自生物生产力诞生以来，其研究备受学界的关注和重视。提高生物生产力不仅是满足人类物质生活的重要路径，也是改善人类居住环境的重要目标。离开了生态系统的碳承载力，而仅仅依赖碳排放量或化石能源资本的拥有量的绝对值或相对值的递增速率还缺乏一定的信服力。

3.3 碳超载视角的碳锁定的判定

3.3.1 碳锁定的判定模型

判定一个区域是否出现了碳锁定现象，不能仅仅从碳排放端入手，还需要从生态系统碳承载力、碳超载量入手，与气温增暖趋势结合进行。陆地生态系统是人类碳循环的重要子系统，本书将采用系统分析方法来研究碳锁定的判定情况。

系统分析方法源于系统科学，而后者是 20 世纪 40 年代以后迅速发展起来的一个横跨各个学科的新的科学部门，它从系统的着眼点或角度去考察和研究整个客观世界，为人类认识和改造世界提供了科学的理论和方法。它的产生和发展标志着人类的科学思维由主要以"实物为中心"逐渐过渡到以"系统为中心"，是科学思维的一个划时代突破。"系统观"或"系统论"被钱学森称为通向马克思主义辩证唯物主义的桥梁，系统的结构与功能、系统的还原论与整体论、系统的有序与无序等是系统论的核心[69]。

人类社会经济系统、陆地生态系统、大气层系统的关系见图 3-1，人类社会经济学系统排放的 CO_2 首先是陆地生态系统生物生产力的原料，陆地生态系统通过光合作用将其转化为人类生产生活需要的各种物质能源，如粮食、蔬菜、木材等；当大气中的 CO_2 浓度提高，一定程度上能促进生态系统碳生物生产力指标的提高，进而促进陆地生态系统碳承载力的提升。超出了生态系统碳承载力的 CO_2 则不断累积在大气中，促使大气中 CO_2 浓度不断升高，进而导致全球性气温升高现象的出现。

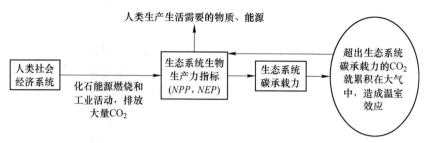

图 3-1　人类社会经济系统、陆地生态系统、大气层系统的关系

采用系统分析法，将区域生态系统作为一个系统，通过经济系统的碳排放量与陆地生态系统的碳承载力的差的变化趋势，和碳排放量与碳承载力的差除以碳承载力的比值的变化趋势来判定一个出现了碳超载现象的区域是否可能出现碳锁定现象。

火电企业的固定资本占社会固定资本的比值虽然能一定程度反映区域对化石能源的需求量，但是脱离了生态系统碳承载力而仅仅通过火电企业的固定资本占社会固定资本的比值来判定某区域是否出现了碳锁定现象还是偏颇的。因为：

第一，即使火电企业的固定资本在增加、社会总体固定资本在增加，是火电企业的固定资本还是社会总体固定资本递增速率快，难以作为判断；

第二，即使火电企业的固定资本在增大，区域经济系统对化石能源的需求在不断递增，但是生态系统的结构、面积也在不断发生变化。

不断改善的生态系统结构、不断增加的生态系统的面积可能使得生态系统的碳承载力递增，进而多吸收了经济系统排放的二氧化碳，甚至可能吸收了部分原来积存在大气中的二氧化碳。

碳锁定现象的判定模型见图 3-2。

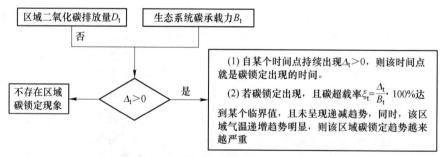

图 3-2　碳锁定时间和趋势的判定

第 t 年区域的碳超载量（overload capacity of CO_2，用 Δ_t 表示）就是 D_t 与 B_t 的差。

若 $\Delta_t > 0$，则表示该区域存在碳超载；

若 $\Delta_t = 0$，则表示区域处于碳平衡的临界状态；

若 $\Delta_t < 0$，则表示区域内生态环境良好，区域碳排放量全部被生态系统吸收，该区域实现碳安全。

设 ξ_t 为碳超载率，即碳超载量与碳承载力的比值。若某区域持续出现碳超载现象，且 ξ_t 递增趋势明显，区域气温递增趋势明显，则表明该区域碳超载现象越来越严重，见图 3-2。

可见，碳锁定就是某一时间某一区域出现碳超载，且 ξ_t 未表现出递减趋势的状态。

图 3-2 所示的碳锁定现象的判定模型与 Unruh（2006 年）[44] 还是 Bertram 等（2014 年）[45]，或者徐盈之等（2015 年）[52] 和郭进等（2015 年）[54] 的研究存在以下不同：

第一，强调了 CO_2 是人类物质的源泉。生态系统通过光合作用将大气中的 CO_2 转变成为人类和其他动物、昆虫生存所需要的能量。在生态系统承载力以内的 CO_2 排放量是必要的。

第二，碳锁定是人类化石能源燃烧和水泥生产过程碳酸盐分解产生的 CO_2 的质量超出了生态系统承载力的结果。它为解锁赋予了新的含义。人类可以利用自己的主观能动性，力争改变生态系统的结构和功能，进而改变生态系统的碳承载力；通过制度变革，逐渐提高低碳能源技术的市场占有率，削弱化石能源技术的垄断地位；通过制度改革，逐渐调整区域产业结构，降低能源消费量的同时，削弱水泥工业在产业结构中的地位。

第三，打破全球碳锁定现象需要分区域而治之。对于碳承载力比较低，且提高碳承载力有较大潜力的区域，可以从生态治理入手；对于碳承载力提升潜力不大的区域，则应从降低化石能源消费量和水泥消费量入手。

3.3.2 碳超载与碳锁定的关系

碳超载现象是导致该区域出现碳锁定现象的主要原因。如果某个区域出现了碳超载现象，则可根据碳超载量、碳超载率的变化趋势来判定某区域是否出现了碳锁定。

碳超载率是一个相对指标，而碳超载量是一个绝对指标。选择某一年的碳超载率比当年的碳超载量更能说明碳锁定的。为描述方便，不妨将某时间碳锁定的深度分为五个等级，即轻度碳锁定、中度碳锁定、重度碳锁定和超重度碳锁定。

（1）如果 $0\% < \xi_{t_0} \leq \xi_t < 20\%$，则该区域出现轻度碳锁定。

（2）如果 $20\% \leq \xi_{t_0} \leq \xi_t \leq 50\%$，则出现了中度碳锁定现象。

（3）如果 $50\% < \xi_{t_0} \leq \xi_t \leq 100\%$，则该区域出现了重度碳锁定现象。

（4）如果 $\xi_t \geq \xi_{t_0} > 100\%$，则该区域出现了超重度碳锁定现象。

如果某区域连续两年出现了碳锁定，设 $\xi_t < \xi_{t+1}$，则下年度的碳锁定比本年度的要严重。

如果某区域连续三年以上（设为 m 年）出现了碳锁定，且 $\xi_t < \xi_{t+1} < \xi_{t+2} < \cdots < \xi_{t+m}$，即该区域的碳超载率 ξ_t 持续出现递增的现象，则说明该区域碳锁定现象呈现加剧趋势；

如果碳超载率 ξ_t 稳定在某一值，或时而递增，时而递减，则说明该区域的碳锁定现象基本稳定，即未减轻，也未加剧；

如果某区域连续三年以上（设为 m 年）出现了碳锁定，碳超载率呈现持续下降，即 $\xi_t > \xi_{t+1} > \xi_{t+2} > \cdots > \xi_{t+m}$，则表明该区域的碳锁定呈现减轻或减弱趋势，即区域主要经济活动（化石能源消费和水泥生产）的碳排放量的递增速率小于陆地生态系统碳承载力的递增速率，能源结构得到了一定程度的优化，能源消费行为有了一定的改变，区域生态系统结构得到了改善，生态系统的功能得到了提升。

3.4 基于碳超载的碳锁定机理分析

3.4.1 碳锁定是经济增长目标机制和异化消费论的必然结果

自 20 世纪中期以来，西方社会就开始了对现有生态文明水平及决定文明水平的行为方式的反思。罗马俱乐部于 1972 年发表了《增长的极限》，指出"自工业革命以来的粗放型经济增长方式将给地球带来毁灭性灾难"，第一次提出了地球的承载力和人类社会发展都有极限的观点。丹尼斯·米都斯（1997 年）认为如果世界人口、工业化、污染、粮食生产和资源消费按现在的趋势继续下去，那么一百年左右地球可能出现人口和工业生产力不可控制的衰退[34]。1992 年《增长的极限》(第二版) 中再一次明确指出：人类的部分需要及满足需要的行为方式已经超出了地球的承载能力，世界经济的发展和生态环境已处于一种危险状态，如粮食短缺、人口爆炸、环境污染、能源危机、臭氧层破坏等。2004 年《增长的极限》第三版问世，数据的更新愈加证明《增长的极限》警告的必要性和紧迫性。

3.4.1.1 经济增长机制是碳锁定的催化剂

美国的未来学家阿尔温·托夫勒认为，人类社会不顾生态承载力，而一味追求国民生产总值的社会制度是生态危机的根源。经济增长机制是世界各地不同程度出现生态危机的根源。

经济增长目标机制、异化消费论和碳锁定的关系见图 3-3。人类社会为了实现经济增长目标，必须要不断提高产品产量；为了能让产品能销售出去，则需要

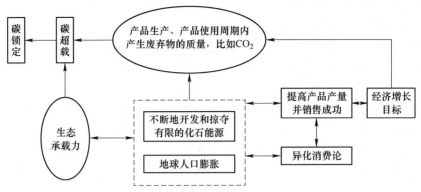

图3-3 增长目标机制、异化消费论和碳锁定的关系

不断增加人口数量；为了确保生产目标的完成则需要不断开发和掠夺自然资源；资源的掠夺式开发、人口数量的几何级数的递增、产品生产过程和使用周期内不断向自然生态系统排泄废弃物等超过了自然生态系统的承载能力，进而导致生态危机现象的出现，并呈现不断加剧的趋势。

不断增长的经济目标需要能源作为保障。低碳能源或清洁能源的增速比较缓慢，进而造成化石能源消费量以较快的速率递增。自1980~2013年，虽然我国碳强度（标煤）从19.4t/万美元下降到6t/万美元，但是我国能源消费总量（标煤）从4.22亿吨上升到19.4亿吨。2014年，碳排放量增长到97.6亿吨。

地区经济发展需要能源保驾护航，而从市场竞争角度看，新能源技术如太阳能光伏发电技术、风能发电技术，进入市场的时间还较短，难以和进入市场近百年的火电技术相抗衡；同时，新能源技术如太阳能光伏发电技术、风能发电技术的市场规模还不够大，难以迅速降低成本。

可见，不断增长的经济目标是造成碳锁定的重要原因之一，而低碳能源技术难以在短时间内与化石能源技术、火电技术相抗衡将进一步加大碳排放量。

3.4.1.2 异化消费是碳锁定的源泉

阿格尔是20世纪70年代生态学马克思主义的主要倡导者和重要代表人物之一。在其著作《西方马克思主义概论》中，他首次提出"生态学马克思主义"这一概念，并以"异化消费"为线索，系统阐述了异化消费、经济增长目标、资源开发、生态系统破坏的关系。

所谓"异化消费"，就是"人们为了补偿自己那种单调乏味的、非创造性的，且常常是报酬不足的劳动而致力于获得商品的一种现象"[70]。这种消费，并不是消费者满足自己的真正需求而消费，只是为了安抚和补偿自己异化劳动的一种手段长期的生态环境破坏。阿格尔把研究重点放在消费领域，而不是生产领域，并得出结论："异化消费"是引发生产快速增长的原因，也是实现经

济增长目标的重要手段，而生产快速增长将导致生态系统结构、功能受到破坏的同时，生产过程排放的污染物逐渐超出了生态系统的承载力，其中排放的 CO_2 超出了生态系统的碳承载力。即异化消费是导致生产过程消耗大量的能源、水泥进而使得排放的 CO_2 超出了生态系统的碳承载力，是导致碳锁定的根本原因。

异化消费从另一个角度解释了人类自身的消费观决定了生产观，而生产观决定了人类与自然的关系。从历史发展角度看，人类的消费观念确实发生了天翻地覆的变化，从原来的吃饱肚子到现在的大鱼大肉，从原来的穿暖到现在的品牌意识，从原来有房遮风避雨到现在的豪宅、别墅，人们吃穿住行玩乐的消费方式发生了前所未有的变化。

3.4.1.3 经济增长目标、异化消费、碳超载、碳锁定的递进关系

经济增长目标是资源大量开发，尤其是化石能源大量消费的推动力，异化消费既是实现经济增长目标的手段，又是原始森林破坏、生物多样性减少等生态破坏乃至生态危机的罪魁祸首。两者共同造成了生态系统 NEP 下降，碳承载力不够强大，或者能源消费和水泥生产产生的碳排放量的递增速率超过了生态系统碳承载力递增速率，进而导致持续的碳超载现象的出现。碳锁定因此而出现，并不断加剧。

3.4.2 森林子系统碳承载力的下降是碳锁定的另一重要推动力

生态系统碳承载力是各子系统碳承载力的和，而各子系统的碳承载力是其 NEP 与面积的乘积。可见，子系统的 NEP、面积是影响生态系统碳承载力的主要因素，而子系统 NEP 受子系统植被类型、覆盖程度、生物多样性、水分、气温等影响较大，各子系统面积受区域土地面积、人口规模等影响明显（见图 3-4）。

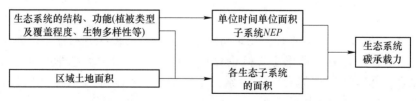

图 3-4 生态系统碳承载力的主要影响因素

从 NEP 看，云南省 NEP 从高到低的排序分别是水田、森林、湿地、城市绿地、旱地、灌木林、牧草地；从子系统的面积看，排在前几位的分别是森林、灌木林、旱地、水田、荒山草坡地。

生态系统碳承载力的变迁过程是人类文明变化的一面镜子（见图 3-5）。

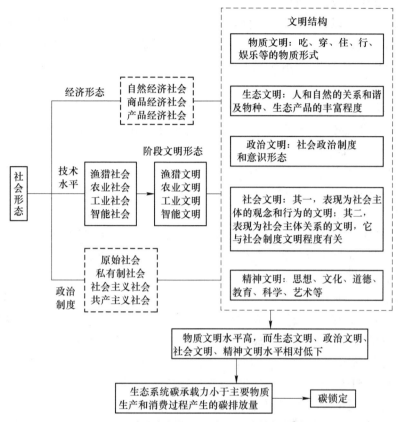

图3-5 碳锁定与社会形态、文明结构的关系

文明与经济形态、技术水平、政治制度密不可分。文明形态既包括以生产关系为主轴的经济社会形态，又包括以生产力和技术发展水平为主轴的技术社会形态。文明形态的坐标尺是生产力和生产关系（包括由生产关系决定的社会结构和上层建筑等各种社会现象）。

（1）狩猎行为对生态系统承载力的破坏。原始社会人类便开始了对生态系统碳承载力的破坏。人类对植物性食物和渔猎动物性食物的依赖导致了一些大型动物和珍贵植物的灭绝，依赖既有食物的因素，又有取暖、生产生活工具的因素。在原始社会早期，人类用石头和动物骨头制作原始武器和工具，用以猎杀动物、砍切植物、裁缝兽皮制衣等。到原始社会后期，人类的使用工具日益改善，并学会了用火，火的使用将大片的森林变成了草地；人类活动更加频繁，进而导致一些大型动物和珍贵植物的灭绝；人类通过携带种子和植物到新的区域而改变了植物以及以这些植物为食的动物的分布区。此阶段森林面积呈现缓慢递减的趋势。

（2）刀耕火种等行为对生态系统的破坏。由原始社会进入到农业社会，人类开始了农业和牧业。农业以"刀耕火种"的游移种植为主，辅以在居住区附近栽种野生植物以改善生活；牧业源于人类将捕获的动物进行喂养和驯服，并让它们繁殖以供长期使用。7000年前，伴随着金属犁的发明，人类开始了土地的翻耕，农业生产水平得以大幅度提高，农业开始从平原区向草原区扩展。

驯养动物数量和农业生产粮食产量的提高导致了人口数量快速增长；粮食的富余促进了商品贸易，进而产生了集镇，并最终促进了私有制的形成，加快了资源争夺的步伐、激烈程度。

与原始社会相比，农业社会已经由采集者和狩猎者那种"自然界中的人"进化为作物种植的农民和城市居民，成为有能力"与自然对抗的人"。此阶段，全球森林 *NEP* 和面积逐渐下降，水田、旱地面积逐渐递增。

（3）工业社会化石能源、矿产资源等的大量使用。17世纪中叶，人类社会开始进入现代工业社会。其主要标志是大规模的机器生产快速取代了小规模的手工业，化石燃料为能源动力的机械快速取代了蓄力、风能、水能为主的清洁能源动力，炼铁业、机器制造业和采矿业的迅速崛起，城市规模迅速扩大。

生产所需要的资源数量越来越大，森林、农田等子系统的植被在资源开采过程中受到严重破坏。柬埔寨、玻利维亚、印尼、喀麦隆、哥伦比亚等国的森林生态系统受到人类的不断破坏，其非法采伐占有全部木材产量的比例最高分别为90%、80%、51%、50%、42%。巴西亚马逊热带雨林中蕴藏着全球一半以上的动植物种类，是世界自然资源宝库。

然而，据世界自然基金会（WWF）报道，已经有1亿公顷森林被砍伐殆尽。近10年来印尼每年约有200多万公顷热带雨林遭到人为毁灭；俄罗斯每年从远东地区非法采伐的木材约150万立方米，广袤的林海因此变成荒地、荒漠或泥炭沼泽，森林生态系统濒临崩溃。

3.4.3 建设用地的扩张是农田子系统碳承载力下降的主要原因

（1）城镇化率的上升。土地是人类社会经济活动的空间载体，也是推动人类社会文明变迁的主要资源。随着改革开放的逐渐推进，城市化、工业化步伐不断加快，建设用地规模的扩大也日益成为当前及未来几十年中国土地利用变化的重要特征。2000~2010年，云南省城镇化率由23.4%上升到36%，而同期全省各类建设占用耕地近78%是坝区的优质耕地。由于建设用地是承载各类社会经济活动的最主要用地，因此其增长意味着其所承载的各类生产建设活动的增加，也暗含着不同土地利用方式的相互转变，两者均直接或间接影响碳排放变化。

（2）建设用地与碳排放变化之间存在正向影响。毛熙彦等（2011年）[71]研究了中国 1996～2007 年中国建设用地与碳排放的变化，在扩展 KAYA 恒等式的基础上，基于 LMDI 分解法，探讨了 12 年间中国建设用地对碳排放增长的影响，以及不同省份间所存在的差异。结果表明：中国的碳排放以 2001 年为拐点，呈现稳中有降到快速增长的两阶段变化，空间上则呈现出东高西低格局，环渤海地区为全国碳排放高值地区。LMDI 分解结果显示建设用地对碳排放增长存在正向影响，且省际间差异突出，影响较为显著的地区集中在东部、南部沿海地区，新疆和青海也较为明显，其他地区普遍较弱。导致上述差异的主要原因在于各省份经济发展建设用地的正向作用和能源强度的负向作用之间存在贡献程度的强弱差异及抵消效应。

3.5　碳锁定与碳均衡的关系

3.5.1　碳锁定是碳超载的后果

碳锁定是经济增长目标和异化消费、生态系统尤其是森林子系统长期受到破坏的结果。归根结底，是由人改造自然的行为所形成的人与人之间的关系即自然价值在人们之间、这一部分人与那一部分之间、前代人与后代人之间进行的分配关系造成的。

碳锁定将造成区域碳排放量持续超过生态系统碳承载力，进而对生态系统的结构、生物多样性、气温等造成一系列的变化，甚至造成不可逆转的打击。

3.5.2　碳锁定将加大碳均衡目标实现的困难

碳锁定是碳超载现象比较严重且持续时间较长的后果，而碳超载现象是碳排放量超出了生态系统的碳承载力造成的。碳锁定是生态出现危机的结果，而生态危机是指由于人类对自然不合理的开发、利用而引起的生态环境退化的趋势。它是人类在寻求生存与发展过程中不合理的生产生活方式而造成的对生态环境结构和功能的破坏而造成的。生态危机治理的长期性、公益性与资本周转和资本逐利的逻辑相背离，致使环境问题长期被边缘化。无论是生态系统的恢复还是人与自然关系的改变都需要一个长时间的过程。所以，碳锁定的出现将为碳均衡目标的实现增加难度。

云南省是祖国的生态屏障，是世界基因宝库，研究云南省的碳均衡目标实现机制对预防西南地区出现碳锁定现象有一定的理论意义和积极的现实指导意义，对国家生态文明建设目标的实现有较大的推动作用。

3.6　本章小结

大气二氧化碳浓度的递增、全球气候的变暖、雾霾现象的加剧，一定程度上验证了碳锁定现象的存在。学界对碳锁定的判定还未达成一致认识，本书从生态

系统碳承载力和经济活动主要碳源的碳排放量的关系角度，提出碳锁定的判定。它是经济活动排放的二氧化碳的质量持续大于生态系统碳承载力的结果。从该角度看，生态文明建设的现阶段目标可以细化为降低碳超载量，直至实现碳均衡；下一阶段的目标是实现"负碳"，即生态良好地区力争实现"经济活动排放的二氧化碳的质量持续小于生态系统碳承载力"。

4 生态系统碳承载力和区域碳排放量的计算模型

陆地生态系统碳承载力是判定区域可持续发展重要标准的生态承载力的一部分，其研究的准确性关系到可持续发展的科学性。学界对碳承载力生态子系统的细分和单位时间单位面积生态子系统碳承载力（用 b 表示）的度量未建立统一标准，后者既有用净初级生产力（Net Primary Production，NPP）表达的，又有净生态系统生产力（Net Ecosystem Production，NEP）表达的，同样是 NEP 值赵先贵等（2013 年）[17]和肖玲等（2013 年）[18]的差距很大（见表 1-4）。NEP、NPP（两者的单位通常为 tC/（hm^2 · a））通常和 b（单位通常为 tCO$_2$/（hm^2 · a））之间的关系式见式（4-1）和式（4-2）。本书将对陆地生态系统的概念、细分标准、单位面积单位时间某类型陆地生态子系统的碳承载力的度量进行研究，建立计算区域陆地生态子系统碳承载力的模型，并以云南省进行实证研究。

$$b = \frac{44}{12} \cdot NEP \qquad (4-1)$$

$$b = \frac{44}{12} \cdot NPP \qquad (4-2)$$

4.1 生态系统的概念和分类标准

4.1.1 生态系统的概念

对应生态承载力、环境承载力、资源环境承载力，生态系统、环境系统、资源环境系统均可作为人类经济活动最重要的承载主体。

英国生态学家 Tansley（1935 年）利用系统分析法将生态系统定义为"在一定时间和空间范围内，生物与生物之间、生物与物理环境之间通过物质循环、能量流动和信息传递形成的具有特定营养结构和生物多样性的功能单位"[72]。

根据地球表面特征，生态系统可细分为陆地和海洋（子）系统。陆地指地球表面与海洋的水域形成对照的固体部分，其构成十分复杂，既包含了丰富多样的植被、种类繁多的动物和难以计数的微生物，又包含了土壤；既包括森林、草地、灌木林和疏林地、耕地等，又包括湖泊、水库、沼泽等湿地。

可见，Tansley（1935 年）[72]的生态系统概念的实质是一个复杂的空间概念。

刘增文等（2003年）[73]将生态系统作为人类主要经济活动的承载主体，是生态学家在描述复杂问题时的无奈选择。

部分学者认为采用环境作为经济活动的承载主体，但是郝云龙等（2008年）[74]将环境作为人类经济活动的承载主体也引起了部分学者的质疑。环境意识是相对于特定的系统主体而言的，若没有明确的系统主体，则根本谈不上环境；环境是处于系统外部、不包含系统主体的其他单元的集合，即系统主体的所有外部事物就是环境。

可见，无论是用生态系统还是环境作为承载主体都具有一定的模糊性和歧义性，甚至有一定的"系统存在于环境中"的逻辑错误，代表的仅仅是一个笼统的土地空间概念，具体应用时需要基于特定的研究目标加以细分使之内涵和外延更加明确。承载的对象越复杂，承载主体越难以界定清楚。

4.1.2 陆地生态系统碳循环

生态系统具有物质产品生产服务功能、生态（大气、水、土壤和生物）安全服务功能和景观文化承载服务功能等，每一项功能基本都与碳循环关系密切。以单位时间单位面积某陆地生态系统为例，其通过碳循环参与物质生产功能和大气安全服务功能的过程见图4-1。

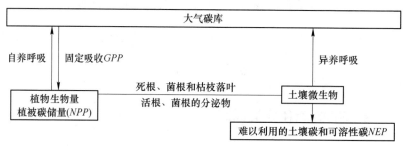

图4-1　陆地生态系统通过碳循环实现物质生产和气候调节功能的过程

GPP 描述了单位时间单位面积植被从大气中吸收的碳的质量，而 *NPP* 则描述了单位时间单位面积植被去除自养呼吸后从大气中固定或储存的碳的质量，即净固碳量；而 *NEP* 生态区内植被净初级生产力与土壤微生物呼吸碳排放之间的差额，是区域碳平衡估算或度量陆地生态系统与大气的碳交换率的重要指标。

自1972年Lieth提出了 *NPP* 计算模型以来，*NPP* 和 *NEP* 的研究得到不断深入。王家骥等（2000年）[75]运用第一性生产力的气候统计模型，对黑河流域生态承载力进行了估测。*NEP* 是陆地生态系统光合作用固定的碳与其呼吸损失的碳之间的差值（吴建平等，2013年）[76]。当 *NEP* 为正值时，说明生态系统为碳汇，*NEP* 为负值则表明生态系统为碳源。*NEP* 表示大气 CO_2 进入生态系统的净光合产量，其大小受制于多种环境因子大气 CO_2 浓度和气候条件。

4.1.3 陆地生态系统的分类原则

碳承载力与植被的光合作用息息相关。本书将陆地生态系统定义为与海洋形成对照的除人工硬化表面和建筑物之外的、被一定密度的绿色植被覆盖的、能够直接通过光合作用净吸收和储存 CO_2 的土地空间。

陆地生态子系统承载了人类食物生产、生活和生态三大功能，其细分实质是土地资源的细分。所以，陆地生态系统分类标准需要遵循数据的可获得性和不遗漏性原则。

（1）数据的可获得性和统一性。以 GB/T 21010—2007《土地利用现状分类标准》(国家质量监督检验检疫总局和国家标准化管理委员会，2007 年)、GB 50137—2011《城市用地分类与规划建设用地标准》(中华人民共和国住房和城乡建设部，2012 年) 和 TD/T 1014—2007《第二次全国土地调查技术规程》(中华人民共和国国土资源部，2007 年) 为基础，剔除无植被的二级和一级土地（见表 4-1），以确保数据的可获得性和统一性。

（2）数据的不遗漏和不重复。我国将森林定义为郁闭度达到一定标准以上的乔木、竹林、国家特别规定的灌木林和经济林（一般的灌木林不在森林统计范畴）的土地面积和一级农田、林网、林旁、宅旁、水旁、路旁林木的覆盖面积的和。

根据该定义，交通运输用地的林木用地和巷道树用地面积已经纳入到森林的统计范畴，所以表 4-1 中编码为 10 的一级土地虽然有植被覆盖但也需要予以剔除。

Costanza 等（2014 年）[77]认为不被人类重视的湿地、建设用地、沙漠、冰川、苔原等也具有一定的生态价值，其中湿地、建设用地和交通运输用地的绿化用地等都具有一定的碳承载力。部分具有碳承载功能的土地如湿地、田坎因生产功能低下而被笼统地划入"未利用地"。

表 4-1 《第二次全国土地调查技术规程——土地利用现状分类》中未附着植被的地类

一级类		二级类	
类别编码	类别名称	类别编码	类别名称
5	商服用地	51	批发零售用地
		52	住宿餐饮用地
		53	商务金融用地
		54	其他商服用地
6	工业用地	61	工业用地
		62	采矿用地
		63	仓储用地

一级类		二级类	
类别编码	类别名称	类别编码	类别名称
7	住宅用地	71	城镇住宅用地
		72	农村宅基地
8	公共管理与公共服务用地	81	机关团体用地
		82	新闻出版用地
		83	科教用地
		84	医卫慈善用地
		85	文体娱乐用地
		86	风景名胜设施用地
9	特殊用地	91	军事设施用地
		92	使领馆用地
		93	监教场所用地
		94	宗教用地
		95	殡葬用地
10	交通运输用地	101	铁路用地（包含林木用地）
		102	公路用地（包含林木用地）
		103	街巷用地（包含巷道树用地）
		104	农村道路
		105	机场用地
		106	港口码头用地
		107	管道运输用地
11	水域及水利设施用地	118	水工建设用地
12	其他用地	122	设施农用地
		127	裸地

　　可见，农用地（生产功能）、建设用地（生活功能）和其他用地的分类方法不利于二级陆地生态子系统的划分和碳承载力的测算，也有悖于国家生态文明建设的目标。

4.1.4　陆地生态系统的分类标准

　　以我国第二次土地利用分类现状为基础的确保数据可获得性、不遗漏、不重复的陆地生态系统的分类见表 4-2，该分类不仅与国际上生态系统生产力 NPP、NEP 的研究子系统的分类基本保持了一致，生态学界对森林、农田（耕地）、园地、灌木林、草地、湿地、水域等的 NPP、NEP 进行广泛研究，而且与生态用地的分类也基本一致[78]。

表 4-2　陆地生态子系统分类

一级子系统编码（i）及名称		二级子系统编码（ij）及名称	
1	耕地	11	水田（含水浇地）
		12	旱浇地
2	园地	21	茶园地
		22	果园地
		23	其他园地
3	林地	31	森林
		32	灌木林
		33	其他林地（疏林地）
4	草地	41	天然牧草地
		42	人工牧草地
		43	其他草地（荒山草坡地）
8	公共管理与服务用地	81	城市建成区绿化用地
		82	城市公园与绿地
11	水域及水利设施用地	111	河流
		112	湖泊
		113	水库
		114	坑塘
		115	内陆滩涂
		116	沟渠
		117	沿海滩涂
		119	冰川及永久积雪
12	其他	121	空闲地
		122	田坎
		123	沼泽地
		124	盐碱地
		125	沙地

　　可见，该分类方法对陆地生态系统二级子系统和对应 NPP、NEP 值的选取都是可行的、科学的。

4.2 陆地生态系统碳承载力的时间序列模型构建

4.2.1 陆地生态系统碳承载力的基本概念

生态承载力是指一定区域在一定时期内的资源环境的数量与质量，以及可承载的人口与经济社会可持续发展需求的能力。可持续发展是生存不超过维持生态系统承载力的情况下，改善人类的生活品质。采用能力这一术语来描述陆地生态系统的碳承载力。

单位时间单位面积二级陆地生态子系统的碳承载力是该系统能够净吸收 CO_2 并将其较长时间固定在植被和土壤中的能力，是单位时间（通常以年为单位）单位面积生态子系统的碳承载力与其面积的乘积。它是度量生态系统参与自然界碳循环方面的生态服务能力和物质生产能力的统一。

陆地生态系统碳承载力是单位时间内"耕地、园地、林地、草地、公共管理与公共服务用地、水域及水利设施用地、其他"一级子系统的碳承载力之和。每一个一级子系统的碳承载力又是对应的二级子系统的碳承载力之和。对于只有陆地的区域（如云南省）来说，区域碳承载力就是陆地生态系统的碳承载力。

设第 t 年一公顷二级生态子系统（编码为 ij）的碳承载力为 b_{ijt}（单位：$tCO_2/(hm^2 \cdot a)$）、面积 S_{ijt}（单位：$10^4 hm^2$）的二级生态子系统的碳承载力为 B_{ijt}（单位：$10^4 t\ CO_2$）、一级生态子系统（编码为 i）的碳承载力为 B_{it}（单位：$10^4 t\ CO_2$）、陆地生态系统的碳承载力为 B_t（单位：$10^4 t\ CO_2$），其关系式分别见式（4-3）~式（4-5）。

B_t 描述的是区域稳定的陆地系统植被和土壤净吸收并较长时期（火灾、植被破坏等除外）储存 CO_2 的质量的极大值。若主要经济活动排放的 CO_2 超出这一极大值，则超出的 CO_2 将积聚在大气碳库中并使得大气的 CO_2 浓度持续升高，并最终导致地球气温增幅速率持续加大，人类的可持续发展将成为空谈。若每个区域的碳排放量都在生态系统碳承载力范围之内，则大气中的 CO_2 浓度将基本稳定在现有水平甚至还可能下降。

$$B_{ijt} = b_{ijt} \cdot S_{ijt} \cdot 1 \tag{4-3}$$

$$B_{it} = \sum_{j=1}^{n} B_{ijt} \quad （n \text{ 为某一级生态子系统对应的二级生态子系统的个数}） \tag{4-4}$$

$$B_t = \sum_{i=1}^{7} B_{it} \tag{4-5}$$

4.2.2 基于 NEP 的 b_{ijt} 度量标准

4.2.2.1 GPP、NPP 和 NEP 的关系

GPP 是总初级生产力（Gross Primary Production）的简称。学界常常用

GPP、*NPP*、*NEP* 表征植被的碳吸收能力、植被的净碳吸收能力、生态系统的碳汇能力[79]。*GPP* 是指单位时间单位面积植物群落或植被通过光合作用所吸收的碳。

NPP 是 *GPP* 和植被自养呼吸（Autotrophic Respiration，简称 Ra）所消耗碳之间的差值，两者是反映植被短期固碳的指标，是地球碳循环的原动力。*NPP* 反映了植物固定和转化光合产物的效率，也决定了可供异养生物（包括各种动物和人）利用的物质和能量，是植物个体或群体生产力水平的度量指标，而不是反映生态系统碳的净贮存或净释放的指标。

NEP（Net Ecosystem Production）是陆地生态系统（包括地上和地下两部分）"碳"的净吸收或净排放[80]，是 *NPP* 与土壤呼吸 R_h（Heterotrophic Respiration）的差。其中，R_h 是单位时间单位地表面积异养生物呼吸的"碳"的质量。

4.2.2.2 *NEP* 作为单位时间单位面积生态系统碳承载力的原因分析

NEP 代表了陆地生态系统和大气系统的净 CO_2 交换量，表示较大尺度生态系统中碳的净贮存量，可以直接定量描述陆地生态系统作为碳源或汇的性质和能力，是评价生态系统碳的净积累或流失状态的指标，因而也说明了陆地生态系统通过释放或吸收 CO_2 来对气候产生影响的能力。它表示大气 CO_2 进入生态系统的净光合产量，单位通常用 $tC/(hm^2 \cdot a)$ 表示，是直接定性定量地描述单位时间单位面积陆地生态系统碳源/汇性质和能力的最常用的指标[81,82]。表 1-4 中肖玲等（2013 年）[18]、邱高会（2014 年）[19]、赵先贵等（2013 年）[17] 的单位时间单位面积森林、草地、城市绿地和园地的碳承载力正是采用 *NEP* 值来度量的。

4.2.2.3 b_{ijt} 与 NEP_{ijt} 的关系

对于第 *t* 年编码为 *ij* 的二级陆地生态子系统来说，b_{ijt} 与 NEP_{ijt} 的关系见式（4-6）。

$$b_{ijt} = \frac{44}{12} \cdot NEP_{ijt} \qquad (4-6)$$

NEP 的研究因涉及土壤微生物呼吸这个复杂的过程导致至今为止研究成果比较有限且存在一定的差异[80]，比如赵先贵等（2013 年）[17] 研究中森林的 *NEP* 值是邱高会（2014 年）[19] 的 2.66 倍。

4.2.2.4 *NEP* 与生态系统净碳累积速率、生态系统净固碳速率的关系

在稳定的未发生火灾和乱砍乱伐的陆地生态子系统中，*NEP* 与生态系统净碳累积速率（Carbon Sequestration Rate，简称 CSR）或生态系统净固碳速率（单位：

$tC/(hm^2 \cdot a)$）十分接近，甚至被看成是一个完全相同的指标[83]。

生态系统净固碳速率又被称为生态系统固碳速率，或者为生态系统的净碳积累速率。它是指单位时间单位土地面积上的植被和土壤从大气中净吸收并被储存的碳的质量[84]。

早在 1968 年，Woodwell 等把 NEP 描述为生态系统光合固定的碳（GPP）与生态系统呼吸（Ecosystem Respiration，ER）损失的碳之间的差值，并指出 NEP 是指示一个生态系统是碳源/碳汇状态的指标，所以 CSR 和 NEP 可互换[84]。

NEP 与 CSR 的关系见式（4-7）。第 t 年某区域碳承载力（B_t）是主要子系统 CSR_{ijt} 或 NEP_{ijt} 的值与面积 S_{ijt} 的乘积的和，μ_t 是扰动项，见式（4-8）。

$$CSR_{ijt} = NEP_{ijt} \tag{4-7}$$

$$B_t = \frac{44}{12} \sum_{i=1}^{7} \sum_{j=1}^{n} CSR_{ijt} \cdot S_{ijt} + \mu_t = \frac{44}{12} \sum_{i=1}^{7} \sum_{j=1}^{n} NEP_{ijt} \cdot S_{ijt} + \mu_t \tag{4-8}$$

生态系统碳承载力是各个子系统碳承载力的和，是生态系统抛开自养呼吸、异养呼吸后现存的植被生物量有机碳、凋落物有机碳和土壤有机碳储量的总和。它已经从牧场管理转向研究资源环境制约下的人类经济社会发展问题，而经济社会的发展是科技进步、生活方式、价值观念、社会制度、贸易、道德和伦理价值、品味和时尚、经济、环境效应、文化接受力、知识水平和机构管理能力的综合产物。所以，生态系统碳承载力是人类经济社会活动与自然环境之间的相互关系的度量[85]，是人类行为第一戒律的反映。

可见，"生态系统碳承载力"比"生态系统固碳潜力"更能度量区域可持续发展的程度。与固碳潜力相比，采用生态系统碳承载力这一概念更能提醒经济活动的决策者、执行者或生产者与消费者的低碳意识和行为。

碳承载力的研究有利于政府、学术界从承载的 CO_2 的极大值出发重新决策现有经济活动的规模、结构，使其碳排放量尽量控制在极大值范围之内，从而实现大气中 CO_2 浓度的控制目标。

4.3 区域碳排放量的时间序列计算模型

4.3.1 二氧化碳的主要来源

4.3.1.1 生态系统碳承载力的"碳"的界定

联合国气候变化框架公约（United Nations Framework of Climate Change Convention，UNFCCC）公布的附件一缔约方 1990 年和 2007 年温室气体（GHG）排放总量及其构成，见表 4-3。可见，CO_2 是温室气体最主要的构成，占温室气体排放总量的比值呈上升趋势，且超过了 80%。

表 4-3　1990 年和 2007 年温室气体及其主要成分的质量（单位：亿吨 CO_2 当量）及其占比

时间/年	总质量	CO_2 质量	CH_4 质量	N_2O 质量	CO_2/%	CH_4/%	N_2O/%
1990	188.5	150.8	22.5	12.5	80	11.94	6.63
2007	181.12	150	18.6	9.4	82.82	10.27	5.19

注：数据来源于"张玥，王让会，刘飞．钢铁生产过程碳足迹研究——以南京钢铁联合有限公司为例[J]．环境科学学报，2013，33（4）：1195~1200"。

碳排放是 CO_2 排放质量的简称。政府间气候变化专门委员会在其第四份报告中明确指出，全球气候变化有 90% 以上的可能是人类活动导致温室气体浓度增加所致，在人类活动排放的 4 种主要温室气体中，CO_2 浓度的变化最为显著[3]。

地球上最大的两个碳库是岩石圈和化石燃料，含碳量约占地球上碳总量的99.9%。在大气圈中，CO_2 是碳参与物质循环的主要形式。陆地生态系统碳承载力是以人类赖以生存和发展的植被第一性生产力为基础。植被第一性生产力指的是生态系统光合作用不断地吸收大气中的 CO_2，并通过复杂的生物、物理和化学过程将其固定在土壤或海洋之中，以起到减缓气候变化的作用。IPCC 全球碳收支评估报告主要涉及的温室气体也是以 CO_2 为主[85]，故本项目研究仅仅涉及温室气体中的 CO_2。

4.3.1.2　主要经济活动的"碳"的来源

表 4-4 是世界范围 CO_2 排放量大于 10^6 t 的工业活动或生产过程。其中，能源工业和水泥工业碳排放量约占主要工业活动排放量的 85.17%，炼油厂、石化工业、天然气加工三项工业过程的碳排放量约占主要工业活动排放量的 9.11%，钢铁生产活动的碳排放量约占主要工业活动排放量的 5.9%。

表 4-4　世界范围 CO_2 排放量大于 10^6t 的工业活动或生产过程[85]

过　程	源的个数	CO_2 排放量/10^6t·a^{-1}
能源（煤、燃气、石油及其他）	4942	10539
水泥工业	1175	932
炼油厂	638	798
钢铁工业	269	646
石化工业	470	379
石油天然气加工	不详	50
生物乙醇	303	91
其他	90	33

无论是能源水泥工业、石化工业还是钢铁生产工业过程，都包含了能源消费活动，且能源消费所排放的 CO_2 占整个过程的比值比较高。比如，钢铁生产过程中能源燃烧排放的 CO_2 质量占整个过程的比值达到 98% 以上（张玥等，2013年）[86]。在钢铁生产过程中，煤炭消费所产生的碳排放量约占所有能源消费排放的 94%~97% 之间[87]。

4.3.2 云南省主要碳源的界定

第一，炼油厂、石化工业、石油天然气加工业的规模很小。

第二，钢铁工业属于过程工业（process industry）范围。其 CO_2 排放可分解为化石燃料燃烧和熔剂分解、副产品抵扣等，但在计算中主要包括由于使用化石燃料作为燃料和还原剂所产生的 CO_2 排放（樊杰等，2011年）。WRI 和 WBCSD 共同开发了钢铁行业 CO_2 排放计算工具，其为直接排放的计算提供了两种计算方法：一种方法是已知还原剂的使用量，利用原料消耗数据乘以碳排放因子来计算 CO_2 的直接排放，计算口径包括还原剂（煤、焦炭等）、含碳熔剂（石灰石、白云石等）、高炉添加剂（球团、PVC 等）、炼钢生产原料（生铁、废钢等）等。另一种方法是通过生铁产量和排放因子的乘积来估算二氧化碳排放量。

改革开放以来，国内炼铁技术经过了技术引进、自主创新两个阶段。后者的重要表现是冶金技术装备的大型化和现代化。高炉冶炼一般采用喷枪从炉顶喷吹粉煤代替部分焦炭，可以大幅度提高高炉利用系数和能源效率。焦炭是烟煤在隔绝空气的条件下加热到 950~1050℃，经过干燥、热解、熔融、黏结、固化、收缩等阶段而制成的。为了改善煤的燃烧效率，瑞典国家冶金研究院于 20 世纪 90 年代初开发了氧煤喷枪，大大节约了高炉炼铁的粉煤和焦炭的使用量。粉煤、焦炭做还原剂的炼铁化学反应方程式见式（4-9）和式（4-10）。可见，每生产 1t 生铁便产生 1.5t CO_2。

然而，煤作为一种由古代生物的化石沉积而来的碳氢化合物或其衍生物，已经包含在区域化石能源消费统计的范围之内。如果再一次计算高炉炼铁产生的二氧化碳则将导致重复计算。钢铁业化石能源消耗产生的碳排放量占到整个过程碳排放量的比值为 98% 左右，含碳熔剂（石灰石、白云石等）、高炉添加剂（球团、PVC 等）产生的碳排放量仅仅占 2% 左右[88]，即含碳熔剂和高炉添加剂这一碳源占总碳源的比值很小。

$$2C + O_2 \Longrightarrow 2CO \qquad (4-9)$$

$$Fe_2O_3 + 3CO \Longrightarrow 2Fe + 3CO_2 \uparrow \qquad (4-10)$$

第三，固体废弃物的处理产生的温室气体以甲烷为主。固体废弃物填埋处理是甲烷的主要排放源，甲烷不在碳循环的研究范围之内，而且垃圾焚烧发电厂的投入使用减少了废弃物的填埋量，并且焚烧废弃物的温室气体排放比例有所提高，有助于减少 CH_4 的排放。在碳源估算中，为避免重复计算，碳源不包括甲烷、CFCS 等其他含碳温室气体的排放源。

第四，不直接涉及林业/农业土地利用改变而引起的碳排放量。区域碳承载力研究中无论是基于 *NEP* 还是 *CSA* 的单位面积、单位时间二级生态子系统碳承载力的内涵都是指净排放的质量，即二级生态子系统吸收和排放的二氧化碳质量的差，这就意味着农业活动和林业等生态系统的二氧化碳排放量已经包含在陆地生态系统的碳承载力的计算中了。

所以，云南省的碳源指的是《IPCC2006 国家温室气体清单指南》中的能源和水泥生产过程中的碳酸盐分解产生的碳，不包括石油生产、石化工业、钢铁业中除能源使用以外的碳排放量。

4.3.3 碳排放量的计算

能源类碳源估算方法较多，但其核心都是采用能耗总量及化石燃料系数或碳排放因子来估算碳排放量。根据不同的能耗及燃料系数估算方法，可以分为两类。

方法一：美国橡树岭国家实验室 ORNL（Oak Ridge National Laboratory，1990年）提出的化石燃料燃烧释放 CO_2 计算法。该方法适用于已知能源消耗量及能源种类的研究对象，可用式（4-11）来估算总碳排放量。

$$D = E \cdot K \cdot n \cdot \frac{44}{12} \qquad (4-11)$$

式中，D 为碳排放量；E 为能源消费量；K 为有效氧化分数；n 为每吨标准煤含碳量。

绝大多数生产者都是能源的消费者。樊纲等（2010 年）[89] 认为从消费者角度研究碳排放量更有利于碳减排责任的落实；樊杰等（2010 年）[90] 认为碳排放研究从注重生产层面碳排放开始向注重消费层面碳排放的转变有利于构建基于终端消费导向的全球碳排放权益分布及实际分布的新格局。可见，该方法既有利于估算区域能源消费碳排放量，又有利于判断消费者不同能源消费量的变化趋势。

方法二：部门估算法。适用于已知经济总量、人口总量、单位经济能耗、人均生活能耗和碳排放因子的研究对象，采用式（4-12）进行估算。其中，D 为总碳排放量；X 为第一产业增加值；Y 为第二产业增加值；Z 为第三产业增加值；A 为第一产业单位增加值能耗系数；B 为第二产业单位增加值能耗系数；D 为第三产业单位增加值能耗系数；L 为生活人均能耗系数；N 为区县户籍人口；CEF 为综合碳排放因子。该方法有利于分析碳排放量的影响因素。

$$D = (AX + BY + CZ + LN) \cdot CEF \qquad (4-12)$$

4.3.4 区域化石能源消费的碳排放测算

能源的种类有多种，根据能量源可将能源分为：

（1）来自太阳的能量，如太阳辐射。

（2）月球、太阳等对地球引力产生的能量，如潮汐能。

（3）放射性矿物（铀、钍等）产生的核能。

（4）地热能等。

根据能源的再生性，可将能源分为：

（1）可再生能源，如太阳能、水能等。

（2）不可再生能源，如石油、煤炭等。

通常，可再生能源又被称为无碳或清洁能源，而不可再生能源称为高碳能源。

根据能源基本形态可将其分为：

（1）一次能源，存在于自然界中的能源，取来可以直接利用，如石油，太阳能等。

（2）二次能源，由一次能源加工转换成另一种能源，如电力、煤气等。可直接利用的一次能源与转换产出的二次能源通过运输与分配网络进入终端消费部门。

各个国家根据本国具体国情对终端消费部门的分类有所不同，例如我国终端消费部门分为三大产业和居民消费，其中三大产业分别为第一产业农林牧渔业、第二产业为工业和建筑业、第三产业细分为交通运输业、批发零售和服务业、其他；美国终端消费部门则分为工业、商业、交通和居民。且同一部门由于统计口径的不同，内涵也存在差异。如交通部门，由于我国能源统计体系以法人单位为基础，因此交通运输部门所消费的能源仅包括交通运输行业的运输工具，而没有包括私人交通工具与其他终端消费部门的运输工具，而美国的交通部门所消费的能源则包括了全社会运输车辆在内的交通运输部门的消耗[85]。

不同能源的实物量由于其计算单位不同，不能直接进行比较和计算，因此，为了方便对各种能源进行对比分析，定义了标准燃料的概念。国际上习惯采用的标准燃料为标准煤和标准油，我国的能源结构以煤为主，故采用标准煤的概念。

GB/T 2589—2008《综合能耗计算通则》中规定："计算综合能耗时，各种能源折算为一次能源的单位为标准煤当量"，规定每千克标准煤的低位热值为29307.6J（7000kcal）。标准煤发热量是固定值，跟煤种没有关系。标准煤燃烧释放二氧化碳，该过程与标准煤的碳含量和碳氧化率密切相关。但即使发热量相同，而不同变质程度煤的碳含量差别也较大。因煤中有机物主要由碳、氢、氧、氮、硫等5种元素组成，其中碳元素在燃烧时释放出绝大部分的热量。

文献中关于标煤的二氧化碳排放系数（简称碳排放系数）未达到统一，涂华等（2014年）[91]对不同煤种转化的标准煤的二氧化碳排放系数进行了研究，我国标煤的二氧化碳排放系数平均值（标煤）为2.54tCO_2/t。国家发展改革委员会能源研究所、日本能源经济研究所和美国能源部能源信息署推荐的标煤的CO_2排放系数分别（标煤）是2.457tCO_2/t、2.493tCO_2/t和2.53tCO_2/t。化石能源消费排放的CO_2排放量就是消费的化石能源转换后标准煤质量与其CO_2的排放系数的乘积。

基于Zhu Liu等（2015年）[5]的研究成果，中国因煤炭的平均含碳量比IPCC的标准低21%从而导致碳排放量被高估约10%～15%，本书采取标准煤的碳排放系数方法，且取四者（国家发展改革委员会能源研究所、日本能源经济研究所、美国能源部能源信息署和涂华等（2014等）[91]研究成果）之间的最小值，即（标煤）$f = 2.457tCO_2$/t，计算见式（4-13）。

若以云南省为例，研究区域化石能源和水泥生产过程原料碳酸盐分解产生的二氧化碳（discharge amount of CO_2，用D_t表示，其中t表示年份），前者用D_{1t}表示，后者用D_{2t}表示。其中D_{1t}的计算采用"方法一"进行，式（4-13）中E_{1t}为第t年内某区域内三大产业能源消费量，单位为万吨标煤。

$$D_{1t} = 2.457E_{1t} \tag{4-13}$$

4.3.5 水泥生产过程中石灰石分解产生的二氧化碳

水泥工业碳排放的一个显著特点是不仅排放燃料消耗产生的CO_2（包括工艺工程使用的化石能源、生物质燃料和电力等），还包括生料中石灰石的主要成分碳酸钙分解产生的CO_2以及原料中碳酸镁分解产生的CO_2，因此受到政府间气候变化专门委员会（IPCC）的特别关注。本项目将能源消费排放纳入到区域化石能源燃烧排放部分，水泥生产的碳排放仅仅包含生料碳酸钙和碳酸镁分解产生的CO_2。

煅烧排放的CO_2是基于熟料产量和每吨熟料的排放因子来计算的。排放因子取决于熟料中CaO和MgO的测定含量，对于一般的普通硅酸盐水泥熟料含氧化钙65%左右，MgO含量为1.5%左右，化学反应方程式见式（1-1）和式（1-2）；每生成1t CaO同时生成0.7857t CO_2，故每生产1t水泥熟料CO_2排放量为：1×65%×0.7857 = 0.511t；每生成1t MgO同时生成1.092t CO_2，所以每生产1t水泥熟料中$MgCO_3$分解产生的CO_2排放量为：1×1.5%×1.092 = 0.016t。综合计算得水泥生产的原料分解碳排放因子为0.527tCO_2/t，设第t年内区域水泥产量为M_t万吨，水泥生产过程中生料分解产生的二氧化碳的质量就是0.527M_t万吨[92,93]，见式（4-14）。

$$D_{2t} = 0.527M_t \qquad\qquad (4-14)$$

4.3.6 区域碳排放量计算模型

综合式（4-13）和式（4-14），便可得出区域某年化石能源消费和水泥生产排放的 CO_2 的计算式，见式（4-15）。其中，μ_t 是扰动项。

$$D_t = D_{1t} + D_{2t} + \lambda_t = 2.457E_{1t} + 0.527M_t + \lambda_t \qquad (4-15)$$

4.4 区域碳超载现象判定模型和碳超载现象的界定

4.4.1 区域碳失衡或碳超载现象判定模型

区域碳承载力描述的是某一个只有陆地生态系统区域的碳净吸收或碳净释放的能力，只有将其与该区域人类主要经济活动——化石能源燃烧和水泥生产碳酸盐分解产生的碳排放质量进行比较，才能判定该区域的碳排放质量是否超出了碳承载力。

通常有两种评价方法，一种采用差值法，另一种采用比值法。采用差值法来建立区域碳超载情况与否的判定模型，设第 t 年的碳排放量 D_t 与碳承载力 B_t 的差为 Δ_t，则两者的关系式（4-16）。其逻辑框架见图4-2。

$$\Delta_t = D_t - B_t \qquad\qquad (4-16)$$

$$\Delta_t \begin{cases} >0，\text{区域碳排放量超出了陆地生态系统碳承载力，即出现了碳超载现象} \\ =0，\text{区域碳排放量达到了碳承载力的临界值，即区域刚好实现碳均衡目标} \\ <0，\text{区域碳排放量在碳承载力大小之内，区域内的碳排放量是安全的} \end{cases}$$

图4-2 区域碳失衡与否的判定框架

4.4.2 区域碳超载现象的描述

如何描述碳超载现象的严重程度呢？本文采用时间序列的变化趋势来描述。社会——经济系统和陆地生态系统的动态性以及两者间的相互作用的时空变化，决定陆地生态系统碳承载力和主要经济活动（化石能源燃烧和水泥生产）均具有动态特性。

多年份陆地生态系统碳承载力和区域碳排放量的核算能够描绘陆地生态系统结构、碳承载力、能源消费总量、化石能源消费总量、水泥产量以及碳排放量的变化趋势，与单一时间尺度的静态研究相比，时间序列研究提供的可持续性信息更为丰富。

考虑到单位面积单位时间二级陆地生态子系统碳承载力与时间尺度有关，本研究主要计算2007年以来的碳承载力、碳排放量。

第一，若 Δ_t 的值呈现持续递增的趋势，则说明碳排放量变化的速率明显大于区域碳承载力变化的速率，用"区域碳超载现象逐渐加剧"来描述它。

第二，若 Δ_t 的值基本稳定在某一个值上下波动，则说明碳排放量变化的速率和区域碳承载力变化速率相当，用"区域碳超载现象基本稳定"来描述它。

第三，若 Δ_t 的值呈现持续递减的趋势，则说明碳排放量变化的速率逐渐小于区域碳承载力变化的速率，用"区域碳超载现象逐渐减轻"来描述它。

另外，还可以用第 t 年的碳超载率 ξ_t 来描述碳超载现象，计算式（4-17）。若 ξ_t 大于零，且持续出现递增的趋势，则说明该区域碳超载现象越来越严重；若 ξ_t 基本稳定在某值附近，则说明该区域的碳锁定现象基本不变；若 ξ_t 大于零，但持续呈现下降的趋势，则说明该区域碳超载现象呈现逐渐减轻的变化趋势。

$$\xi_t = \frac{\Delta_t}{B_t} \cdot 100\% \tag{4-17}$$

4.5 本章小结

本章对陆地生态系统进行了定义，指出陆地生态系统代表的仅仅是一个笼统的土地空间概念，具体应用时需要基于特定的研究目标加以细分使之内涵和外延更加明确。本章基于我国现有土地分类及陆地生态子系统碳承载力研究的现状对陆地生态系统进行了分类，共分为 7 个一级子系统、27 个二级子系统。该分类是在我国土地利用分类基础上采用剔除法完成的，确保了数据的可获得性和完整性。另外，构建了区域化石能源消费量和水泥生产过程中碳酸盐分解的二氧化碳排放量的计算模型。

5 云南省生态系统碳承载力
和碳排放量实证研究

净生态系统生产力（Net Ecosystem Production，NEP）为生态系统光合固定的碳（总初级生产力，Gross Primary Production，GPP）与生态系统呼吸（包括自养呼吸和异养呼吸）损失的碳之间的差值。NEP 表示大气 CO_2 进入生态系统的净光合产量。它的大小受制于多种环境因子如生态系统结构、气候、温度、大气 CO_2 浓度等的影响。

5.1　NEP 的空间变化规律

5.1.1　森林的分类及其 NEP 空间变化特征

方精云等（2015 年）[94]研究指出，从全球格局看，碳通量的各主要参数，如总初级生产力（GPP）、净初级生产力（NPP）、生态系统呼吸（R_e）、异养呼吸（R_h）和净生态系统生产力（NEP），均呈现出：热带林>温带林>北方森林；随着温度增加，GPP、NPP、R_e 和 R_h 都呈现增加趋势，但 NEP 变化不明显，在年均温 18℃ 前后略显峰值；随着降水增加，GPP、NPP 和 R_h 呈现出先增加后减少的趋势，R_e 则持续增加，NEP 变化不明显，但在年降水量 1500mm 前后略显峰值；而在不同的森林发育阶段，NEP 呈现出：中龄林>成熟林>幼龄林>老龄林[94]。

可见，热带林、温带林、北方森林的 NEP 变化趋势表现出一定的空间变异特征。西南地区的平均林龄主要介于 20~30 年，林龄大于 120 年的森林主要分布在四川中部及新疆西北部地区，西藏东南部、黑龙江西北部、内蒙古东北部以及云南省南部地区的林龄介于两者之间，其值大多介于 70~120 年。从全国范围看，林龄介于 10~80 年、20~40 年的面积分别占森林总面积的 85.4% 和 35.3%（戴铭等，2011 年）[95]。

5.1.2　NEP 的纬度变异规律

陈智等（2014 年）[96]获取了 233 个通量站点，732 条站点年数据。观测站点分布于亚洲、欧洲和北美洲，纵跨纬度 2.97°N 到 74.47°N，横跨经度 148.88°W 到 161.34°E。气候类型涵盖了热带、亚热带、温带、北方林、极地与亚极地以及高山气候类型，生态系统类型包涵了森林（107 个站点）、草地（65 个站点）、农田（33 个站点）和湿地（28 个站点）。该研究表明：

（1）森林、农田子系统的 *NEP* 具有纬度变异规律。森林、农田 *NEP* 在 0°N~20°N 变化不明显。在亚洲区域，*NEP* 随着纬度的升高而显著降低（$p <$ 0.01）。在 20°N~40°N 区间下降趋势最为明显，纬度每升高 1°N，森林和农田 *NEP* 约下降 0.0504tC/（hm^2·a）。在欧洲和北美洲区域，*NEP* 的纬度递减趋势不显著。

（2）同一纬度地区，农田 *NEP* 和森林 *NEP* 有以下关系存在。同一纬度地区，农田 *NEP* 略高于森林 *NEP*；同一气候区（温带、热带、寒带），湿润区的 *NEP* 大于干旱区的 *NEP*。

（3）湿地和草地的 *NEP* 在不同的气候区具有显著的差异，即不具有纬度变异规律。

（4）无论是亚洲、欧洲或北美洲，其农田、森林的 *NEP* 均显著大于湿地和草地的 *NEP*。

另外，高生物多样性的生态子系统的 *NEP* 大于长势最好的单个物种的生态子系统的 *NEP*[97]，其原因主要是对高生物多样性的二级生态子系统的病虫害和异常气候事件的抵抗力强于单一树种的森林生态系统。当木本植物定居草地生态子系统后由于冠层的遮阴效应，会降低土壤温度使得土壤呼吸减少从而增加碳固定的潜力[98]。

5.2 云南省二级陆地生态子系统的 *NEP*

5.2.1 云南省地理位置分析

5.2.1.1 地理特征

云南地处北半球低纬度向中纬度过渡的地带，北回归线从省内南部穿过（北纬 21°8′32″~29°15′8″），形成了年温差小、四季不明显的低纬气候。

从南到北可划分出 7 个气候带即北热带、南亚热带、中亚热带、北亚热带、南温带、中温带、北温带，各地的地貌组合特征和土地利用都有较大差异。

云南省各地年平均气温一般在 4.9~23.7℃之间，分别是德钦和元江。地区分布特点是：河谷地带气温高、高山地带气温低。元江河谷中下段、澜沧江河谷下段、金沙江河谷中下段，年平均气温均在 20~24℃之间，为全省高值区；而德钦、中甸等地，年平均气温只有 5℃左右。

云南省降水较丰富，但由于境内地形复杂，加之受大气环流影响，因此降水的时空分布很不均匀，有"南部多于北部、东西部边缘多于中部，山区多于坝区、坝区多于河谷，夏秋季降水多于冬春季"的特点。全省多数地区年降水

量在 800 ~ 1000mm，西盟年降水量最多（为 2764.1mm），宾川最少（仅 568.3mm）。

5.2.1.2　生物多样性

其海拔在 76.4m（河口县南溪河与元江交汇处）与 6740m（德钦县梅里雪山最高峰）之间，平均海拔 2000m 左右。自然环境复杂，高原、山地占全省总面积的 93.29%，相对平坦的坝子（盆地、河谷、高原面）有 1868 个，其面积仅占总面积的 6.71%，缺乏大平原。

云南省气候为低纬高原季风气候，水热资源丰富，但南北差异巨大，气候垂直变异显著。以云岭东侧的宽谷-元江谷地一线为界，云南省西部为横断山区，东部为高原区。

热带到温带、从湿润到比较干旱的多样化的气候类型造就了丰富的生态系统类型。它不仅是我国生态环境保护的前沿（处于伊洛瓦底江、金沙江、怒江、澜沧江、红河和珠江等六大水系源头或上中游），而且是全球生物多样性最为富集的地区之一。

5.2.2　云南省二级陆地生态子系统 *NEP* 确定原则

5.2.2.1　纬度变异规律

表1-4 归纳了国内学者在研究陆地生态系统碳承载力的现状，其存在的主要问题之一是缺乏生态系统的 *NEP* 数据，赵先贵等的森林、草地 *NEP* 分别是肖玲等森林、草地 *NEP* 的 2.66 倍、2.63 倍左右；方恺等的森林、草地 *NPP* 分别是赵先贵等的森林、草地 *NEP* 的 1.77 倍和 5.88 倍。

利用陈智等（2014 年）[96] 的 *NEP* 纬度变异规律，以亚洲热带森林 *NEP* 为参照值，按照 20°N~40°N 区间纬度每升高 1°N，森林 *NEP* 约下降 0.0504tC/（hm² · a）来推算云南省森林的 *NEP* 值；按照同纬度地区农田子系统的 *NEP* 略大于森林 *NEP*，推算云南省水田的 *NEP*。

5.2.2.2　园地、草地、公管用地、水域及其他子系统的 *NEP* 确定原则

按照陆地生态系统的二级分类原则，在筛选二级生态子系统 *CSR* 或 *NEP* 的值时尽可能遵守子系统分类原则，即率先选择同类子系统的 *NEP* 指标。

按照区域就近原则，若能直接找到该区域某类型二级生态子系统 *NEP* 的研究成果，则直接采用。

对于果园和其他园地等二级子系统来说，若不能找到同类子系统的 *NEP* 的值，则根据子系统植被相近原则来选取。

在选取区域研究成果时，若研究成果涉及的区域基本接近，且论文的影响力

比较接近，则优先选择最新的研究成果。

5.2.3　森林和灌木林的 *NEP* 值

5.2.3.1　森林 NEP_{31}

云南省紧邻亚洲热带，本项目将以亚洲热带森林的 *NEP* 作为参照值，按照纬度变异规律和云南省气候带的纬度分布特征来计算云南省森林的 *NEP* 值。

Pan Y D（2011 年）[99]研究表明，亚洲热带森林的 *NEP* 约为 2.38tC/（hm²·a）[87]。陈智等的纬度变异规律表明，在 0°N~20°N 森林、农田子系统的 *NEP* 值随纬度的升高变化不明显，故设北半球热带区域 20°N 森林的 *NEP* 为 2.38tC/（hm²·a）。根据纬度变异规律，20°N~40°N 森林、农田子系统的 *NEP* 值随纬度升高 1°N，其 *NEP* 约下降 0.0504tC/（hm²·a）。

云南省是气候带最丰富的地区，由北热带、南亚热带、中亚热带、北亚热带、南温带、中温带、北温带七个气候带组成。近 50 年来云南省气候带总体上呈现热带和亚热带面积扩大、温带面积减少的变化趋势，其中以北热带增加最明显，增幅达到 90.2%；而南温带减少最明显，减幅为 12.5%。从时间上看，1960~1970 年表现出热带亚热带范围减小，温带范围增加；从 1970 年后则呈现热带和亚热带范围快速增加、温带范围减小的趋势，而 1990 年以来是气候带变化最大的时期[100]。

以 *NEP* 的纬度变异规律和程建刚等（2008 年）关于云南省气候带的纬度特征为理论指导，构建云南省森林 *NEP* 与纬度的关系模型，见式（5-1）。其中，$\omega_i°$N 是云南省对应气候带的纬度，见表 5-1 和表 5-2。

$$NEP_{\omega i} = 2.38 - (\omega_i - 20) \times 0.0504 \qquad (5-1)$$

表 5-1　2000 年云南省热带、亚热带的面积及其占总面积的比值[100]

气候带 i	北热带	南亚热带	中亚热带	北亚热带
面积 $S_{\omega i}/10^3 km^2$	14.93	72.21	76.54	64.21
占总面积的比值/%	4.35	21.07	22.33	18.73
对应的近似纬度 $\omega_i/(°N)$	21	22，23 取 22.5	24，25 取 24.5	26
$NEP_{\omega i}/tC·(hm^2·a)^{-1}$	2.1696	2.0940	1.9932	1.9176

表 5-2　2000 年云南省温带的面积及其占总面积的比值[100]

气候带 i	南温带	中温带	北温带
面积 $S_{\omega i}/10^3 km^2$	59.21	34.09	21.58
占总面积的比值/%	17.27	9.94	6.29

续表 5-2

气候带 i	南温带	中温带	北温带
对应的近似纬度 $\omega_i/(°N)$	27	28	29
$NEP_{\omega i}/tC \cdot (hm^2 \cdot a)^{-1}$	1.8672	1.8168	1.7664

根据气候带的纬度分布和相应面积的值（见表 5-1 和表 5-2），采用加权平均法构建计算云南省森林 NEP 值的模型，见式（5-2）。计算得到：$NEP_{31} = 2.1144tC/(hm^2 \cdot a)$。

将该值小于赵先贵等[17]采用的 $3.8096tC/(hm^2 \cdot a)$ 小，比肖玲等[18]采用的 $1.43tC/(hm^2 \cdot a)$ 大。中国周围区域比较，日本、韩国、中国森林的 NEP 分别为 $1.59tC/(hm^2 \cdot a)$、$2.86tC/(hm^2 \cdot a)$ 和 $1.22tC/(hm^2 \cdot a)$[97]，云南省森林 NEP 值大于中国森林 NEP 均值，也大于日本森林 NEP，但小于韩国森林 NEP。

$$NEP_{31} = \frac{\sum S_{\omega i} \cdot NEP_{\omega i}}{\sum S_{\omega i}} \qquad (5-2)$$

云南省属于高原山区，是我国的四大林区之一。全省绝大部分地区为山地，山地面积占比达 90% 以上，河谷盆地所占比例不到 10%。云南省地形复杂，森林植被丰富，土壤随着气候带的变化呈地带性分布。云南土壤类型众多，占全国土壤类型的 30% 左右，主要包括砖红壤、赤红壤、红壤、黄壤、黄棕壤等。其中，地带性红壤的面积占全省土壤总面积的比例将近 60%。砖红壤形成于高温多雨的热带阔叶林区，主要分布在山地、丘陵地带；赤红壤多分布在中、低山区，植被类型为思茅松林或针阔叶林；红壤主要在中亚热带温湿的气候条件下形成，植被以针叶林及暖性阔叶林为主；黄壤发育于山地湿润的气候条件，多分布在中山地带；黄棕壤多出现在海拔较高的山地，植被类型为暖性阔叶林或松栎阔叶林。

1992 年，天然林和人工林的面积分别为 $818.04×10^4hm^2$、$42.24×10^4hm^2$，分别占当年全省总面积的 95.09% 和 4.91%，植被碳密度即碳累积速率分别为 $57.61tC/hm^2$ 和 $16.73tC/hm^2$；1997 年天然林和人工林的面积分别占当年全省总面积的 92.73% 和 7.28%；2002 年天然林和人工林的面积分别占当年全省总面积的 91.65% 和 8.35%，2007 年天然林和人工林的面积分别占当年全省总面积的 89.51% 和 10.49%。2007 年相比 1992 年，天然林面积增加了 $500.16×10^4hm^2$，年均增长率为 4.08%，人工林面积增加了 $112.26×10^4hm^2$，年均增长率为 17.72%。2007 年相比 1992 年，天然林碳储量增加了 $243.74×10^6tC$，年均增长率为 3.45%，人工林碳储量增加了 $25.24×10^6tC$，年均增长率为 23.80%，植被碳密度即碳累积速率分别为 $54.24tC/hm^2$ 和 $20.91tC/hm^2$[101]。该数据表明，天然林占优势的云南省的 NEP 明显高于全国平均水平是完全合理的。

5.2.3.2　灌木林 NEP_{32}

树木除集中连片生长在林地外（森林），还以多种方式散生于非林地中，这部分树木被称为森林外树木（trees out forests，TOF），主要包括 3 大类：疏林（woodlands）、灌木林（shrubberies）以及非林地树木（trees on non-forest land，包括村旁、路旁、水旁、宅旁的"四旁树"和"散生木"）。

疏林生态子系统是在我国分布较为广泛的地带性植被类型，且是介于森林与草原或灌丛之间的一种过渡性生态系统类型。但与森林、灌丛和草原生态系统类型相比，分布面积较小。

灌木林子系统形成的决定因子是水分，由于降雨量少和土壤水分低，森林已经不能很好地发育，一些适应性能强的乔木尚能生存，但不足以大量生存，只能成为稀疏的林子，如果土壤水分条件再严酷，树木不能生存的时候，生态系统就变为灌丛和草原。

按照区域就近和同类子系统优先原则，灌木林和疏林地的 NEP 介于草地和农田或森林之间[102]，灌木林的 NEP 约是同地区森林 NEP 的一半[103]，所以，云南省灌木林（含疏林地）的 NEP 取森林的一半，即 $1.0572tC/(hm^2 \cdot a)$。

5.2.4　灌溉水田（水浇地）、旱地的 NEP 值

农田常常被称为耕地。耕地是人类经常实施翻耕、耙耱、平整等耕作措施以种植农作物为主的土地，包括新开荒地、休闲地、轮歇地、草田轮作地；以种植农作物为主间有零星果树、桑树或其他树木的土地；耕种 3 年以上的滩地和海涂。耕地有水田和旱地之分。

按作物类型，耕地被分为粮食作物用地、经济作物用地、蔬菜地等；按产量高低，耕地又被分为高产田、中产田、低产田等；按灌溉条件，耕地又被分为水田、水浇地、旱地等。

5.2.4.1　耕地分类

水田是四周筑有田埂（坎），可经常蓄水，主要用以种植水稻或莲藕、席草等水生作物的农田，故有时被称为湿地；旱田是除水田以外，不论有无灌溉设施，以种植旱地作物为主的农田；有灌溉设施，能进行正常灌溉的旱田称为水浇地。

水分是影响农田或耕地分布的最重要条件，世界上的农田多分布在降水比较充沛、或水源比较丰富的地区，年降水量小于 250mm 的地带分布甚少。与森林、草地、湿地广泛分布于热带到北方林带乃至亚极地、高山带不同的是农田主要集中在亚热带和温带。中国的农田大都集中于年降水量约为 400~1800mm 的东南部

湿润及半湿润地区。所以，望天田的 *NEP* 视为与旱地 *NEP* 相等。

根据《关于云南省第二次全国土地调查主要数据成果的公报》，云南省耕地总面积为 624.39 万公顷，常用耕地为 423.01 万公顷。其分布特点为东部多，西部少；坝区集中，山区分散。滇中高原盆地区耕地总面积为 199.11 万公顷，占全省耕地的 31.89%；滇东南地区耕地总面积为 128.71 万公顷，占全省耕地的 20.16%；滇东北山原区耕地总面积为 97.61 万公顷，占全省耕地的 15.63%；滇西北高山峡谷区耕地总面积为 30.94 万公顷，占全省耕地的 4.96%；滇西南地区耕地总面积为 168.021 万公顷，占全省耕地的 26.91%。

5.2.4.2 水田 *NEP*

云南省共有灌溉水田 135.66 万公顷，占总耕地的 22.17%，主要分布于各地灌排条件好的坝区和山麓地带。灌溉水田生产条件较好，产量较高。其中，云南省灌溉水田面积较多的是滇南红河州、滇东南文山州和滇西南普洱市；水田分布较少地区有滇西北迪庆州、怒江州、丽江市、滇东北昭通市。

根据 *NEP* 纬度变异规律，北半球同纬度地区的水田生态系统具有最大的 *NEP*，略高于森林的 *NEP* 值[96]；中国农田生态子系统的 *NEP* 总体分布西藏自治区最高，黑龙江最低，从南向北呈递减的趋势，水田的 *NEP* 高于旱地[103]。所以，取水田（含水浇地）的 *NEP* 为森林的 1.05 倍，即为 2.2201tC/（hm² · a）。

5.2.4.3 旱地 *NEP*

云南省有相当部分的旱地位于石漠化地区。云南省地处云贵高原，地质构造特殊，是全国岩溶分布最广、石漠化危害程度最深、治理难度最大的省区之一，全省岩溶面积 1109 万公顷（居全国第二位），占全省 39.4 万平方公里土地面积的 28%，岩溶地区石漠化已成为全省最为严重的生态问题，威胁着长江、珠江、澜沧江等国内、国际重要河流的生态安全，制约着全省经济社会的可持续发展。根据云南省第二次石漠化监测结果，全省石漠化土地面积为 284 万公顷（石漠化率达 37%），潜在石漠化面积为 177.1 万公顷（潜在石漠化率为 23.07%）。

在石漠化土地中，轻度石漠化面积为 137.4 万公顷，占石漠化土地总面积的 48.4%；中度石漠化 112.0 万公顷，占 34.9%；重度石漠化 25.0 公顷，占 8.8%；极重度石漠化 9.6 万公顷，占 3.4%。云南省石漠化尤其以文山、红河、曲靖最为严重，"九分石头一分土，寸土如金水如油；耕地似碗又似盆，但闻锄头声，不见耕作人"是云南省石漠化严重地区的典型写照。

云南省的干季于每年的 11 月至次年 4 月，受热带大陆气团控制，除怒江州北部外，省内多数地区雨水稀少，整个干季降雨量仅占全年降雨量的 5%~15%。

云南省由于干、湿季分明，全年降雨量多数集中于湿季，干燥度随干、湿季节的变化极为显著，年降雨量并不能充分反映区域的湿润状况。云南省岩溶地区在干季期间土壤和空气十分干燥，加剧了石漠化土地的"岩溶干旱"，漫长干季是制约云南省石漠化植被恢复的主要气候因素。在全国8个有石漠化分布的省（市、区）中，云南省是唯一的半湿润气候类型，其他7个省（贵州、四川、重庆、广西、广东、湖南、湖北）属于湿润气候，与之相比，云南省降雨量偏少。

云南省由于干、湿季分明，漫长干季极不利于石漠化地区的植被恢复，湿季过于集中的降雨又加剧了石漠化地区的土壤侵蚀[104]。中国水田的固碳潜力明显高于旱地，其原因主要是水田土壤淹水，不利于土壤有机质的分解，造成水稻土有机质含量比旱田高[105]。因为地块破碎、耕作层浅，耕种难度大，部分耕地因地质洪涝灾害造成地表土层破坏，难以恢复耕种，且一年中有近5个月是干旱期，而水分是影响生态系统 NEP 的主要因素，所以云南省旱地的 NEP 取北半球农田最低水平，即 $1.43\text{tC}/(\text{hm}^2 \cdot \text{a})$。

5.2.5 其他子系统的 NEP 值

（1）牧草地、荒山草坡地、田坎的 NEP 值。我国草地生态系统面积广阔，占中国国土面积 1/3，主要分布在西北干旱、半干旱气候区以及青藏高原高寒气候区等气候敏感地带。云南省北部中山、亚高山、高原草甸草场多属于质量高、产量低、载畜量低的草地；滇南、滇西南、滇东南的灌草丛在湿润、半湿润、暖热、较热的气候条件下，生长迅速，是质量低载畜量高的草地，而滇中地区的灌草丛质量和载畜量则位于滇北和滇南之间。与农田、森林不同的是，草地不具有明显的纬度变异规律[96]。

按照区域就近原则，云南省隶属于西南地区，采用孙政国等（2015年）[106]关于我国西南地区典型草山草坡和典型山地草甸的 NEP 平均值的研究结果，分别为 $0.2128\text{tC}/(\text{hm}^2 \cdot \text{a})$、$0.8196\text{tC}/(\text{hm}^2 \cdot \text{a})$。田坎子系统的植被与荒山草坡地比较接近，取其 NEP 值为 $0.2128\text{tC}/(\text{hm}^2 \cdot \text{a})$。

（2）茶园、果园、其他园地、城市绿化和公园绿地的 NEP 值。茶园的 NEP 为正值，原因是大量的修剪物和凋落物返还土壤补充了耕作中土壤有机碳的损失，形成系统的碳积累；茶园比周边森林具有更高的 NPP 和异养呼吸，表明与森林相比较，茶园是一个有高碳输入和高碳输出的高碳流系统。按照同类子系统优先原则，采用李世玉（2010年）[107]的研究成果，云南省茶园的 NEP 取值为 $2.09\text{tC}/(\text{hm}^2 \cdot \text{a})$。

云南省城市绿化、公园绿地的植被与中国其他区域的公园绿地总体相近，按照子系统相近原则，采用陈文婧等（2013年）[108]关于北京奥林公园绿地 NEP 的

研究成果，即为 1.64tC/（hm²·a）。关于果园、其他园地的 *NEP* 研究成果还不多见，由于它与城市绿化、公园绿地子系统的植被比较接近，故其 *NEP* 值也取1.64tC/（hm²·a）。

（3）湖泊、河流、水库、坑塘、沼泽的 *NEP* 值。受人为干扰比较小的湖泊如泸沽湖、洱海等的 *NEP* 较低，而受人为干扰较大的滇池的 *NEP* 较高。

湖泊的 *NEP* 值采用许凤娇、周德民等（2014 年）[109]的研究成果，取滇池和纳帕海的 *NEP* 的均值，即为 0.4664tC/（hm²·a）。

热带河流、水库、坑塘为碳源地，亚热带、温带的河流等为碳汇地，云南省河流、水库、坑塘 *NEP* 值取湖泊的三分之一，即为 0.1554tC/（hm²·a）。

云南省属于内陆地区，无沿海滩涂，其 *NEP* 值不需要考虑。

冰川植被十分稀少，其 *NEP* 取值为 0。

云南省的沼泽化草甸、草本沼泽面积的和占总沼泽面积的比例为 86.17%，而森林沼泽、灌丛草泽的面积仅仅占沼泽面积的 13.83%，其 *NEP* 值采用闫明、潘根兴等（2010 年）[110]全国芦苇的平均值，即为 1.76tC/（hm²·a）。

洪泛湿地的 *NEP* 的取值与沼泽相等。

5.3　二级陆地生态子系统面积数据

5.3.1　二级陆地生态子系统的面积的来源

云南省国土资源厅和云南省统计局自 2007 年 1 月 1 日至 2009 年 12 月 31 日开展了第二次土地调查，于 2014 年 2 月 27 日公布了《关于云南省第二次全国土地调查主要数据成果的公报》。主要数据如下所述。

（1）耕地面积。根据云南省第二次耕地调查结果，水田、水浇地（含菜地）、旱地（含望天田）的面积分别为 135.76 万公顷、8.41 万公顷和 466.1 万公顷。

（2）园地面积。云南省第二次土地调查结果表明，园地面积为 165.37 万公顷。2011 年茶园（编号为 21）面积为 38 万公顷（来源于《2012 云南统计年鉴》），则果园和其他园地（编号为 22 和 23）的面积为 127.37 万公顷。

（3）林地面积。云南省第二次土地调查结果表明，林地面积为 2306.39 万公顷。森林面积、林地面积分别来源于对应年份的统计年鉴，疏林地和灌木林面积为林地和森林面积的差。2013 年森林（编号为 31）面积都为 1914.19 万公顷，其他林地为 482.2 万公顷。

（4）草地面积。云南省第二次土地调查结果表明，草地面积为 302.83 万公顷，天然牧草地和人工牧草地面积来源于云南省统计年鉴，为 78.23 万公顷，则荒山草坡地面积为 224.6 万公顷。

（5）水域和其他子系统中的湿地。湖泊中以滇池、程海的绿色植物最为丰富，两者的面积分别为 306.3 平方千米和 78.8 平方千米，合计 3.851 万公顷；根据云南省林业厅湿地办 2012 年启动的第二次湿地资源调查结果，永久性、季节性淡水湖面积分别是 11.618935 万公顷和 0.229691 万公顷，去除滇池、程海外淡水湖的面积约为 7.9976 万公顷。永久性河流、季节性河流、喀斯特溶洞湿地共计 23.3128 万公顷，库塘、运河和输水河流、水产养殖场三类人工湿地合计是 17.0928 万公顷。

滇池、程海为 3.851 万公顷，其他湖泊、河流、库塘、运河、水产养殖场为 57.4984 万公顷；洪泛湿地和内陆滩涂相似，其面积为 0.000155 万公顷。

表 5-5 中，编号 111、113、114、116 的和为 57.4984 万公顷；编号 112 的面积为 3.851 万公顷；编号 115 的面积为 0.000155 万公顷。

（6）公共管理与服务用地。根据云南省统计年鉴，2013 年城市建成区绿化用地（编号 81）和城市公园与绿地（编号 82）的面积分别为 5.528 万公顷和 1.0851 万公顷。

（7）其他用地——沼泽湿地。按照 GB/T 21010—2007《土地利用现状分类标准》，一级子系统包含十二个，分别为耕地、园地、林地、草地、商服用地、工业用地、住宅用地、公共管理及公共服务用地、特殊用地、交通运输用地、水域及水利设施用地及其他。

其他用地中沼泽地和田坎植被相对比较丰富，具有一定的碳承载力，需要单独进行统计。

根据云南省林业厅湿地办 2012 年启动的第二次湿地资源调查结果，沼泽湿地（编号 123）为 3.2212 万公顷。

（8）其他用地——田坎。耕地是最基本的农业生产资源，是第二次全国土地调查中最重要的基础数据之一。耕地中北方宽度不小于 2m、南方宽度不小于 1m 的地坎（含耕地中的田埂、地埂）称为田坎。根据《第二次全国土地调查技术规程》（以下简称《规程》）的规定，地面 2°以下的坡耕地不调查田坎，而云南省坡度在 2°以上的耕地占总面积的比值约为 84.83%。

田坎系数是田坎面积与耕地面积的比值，设云南省 2°~6°、6°~15°、15°~25°、大于 25° 的耕地面积和田坎系数分别为 $S_{\varphi i}$ 和 $K_{\varphi i}$，对应的田坎面积分别为 $\Delta S_{\varphi i}$，则 $\Delta S_{\varphi i}$ 可根据式（5-3）来计算，总田坎面积 ΔS_{φ} 可根据式（5-4）来计算。

$$\Delta S_{\varphi i} = \frac{K_{\varphi i}}{1 - K_{\varphi i}} \cdot S_{\varphi i} \tag{5-3}$$

$$\Delta S_{\varphi} = \sum \Delta S_{\varphi i} \tag{5-4}$$

云南省坡度小于 2°、2°~6°、6°~15°、15°~25°、大于 25° 的耕地分别是

92.58 万公顷、69.95 万公顷、181.40 万公顷、189.7 万公顷、90.76 万公顷，共计 624.39 万公顷。

云南和四川省地理位置相近，坡耕地占比也比较相近，采用邹玥等（2010年）[111]关于不同坡度耕地田坎系数的研究成果（见表 5-3），计算云南省田坎面积。

表 5-3 云南省净耕地和田坎面积的计算结果　　　　　　（$10^4 hm^2$）

不同坡度	<2°	2°~6°	6°~15°	15°~25°	>25°	田坎
耕地面积	92.58	69.95	181.40	189.7	90.76	
田坎系数 $K_{\varphi i}$	0	0.1	0.15	0.2	0.25	
田坎面积	0	7.7722	32.0118	47.4250	30.2533	117.4623

5.3.2　二级陆地生态子系统的面积和 *NEP* 值

将二级子系统面积数据和 *NEP* 的取值结果分别统计在表 5-4 和表 5-5 中。

表 5-4　云南省耕地、园地、林地、草地子系统的二级子系统的面积和 *NEP*

编号	11	12	13	21	22, 23	31*	32	41, 42	43
面积	135.76	8.41	466.1	38	127.37	1914.19	482.2	78.23	224.6
NEP	2.2201	2.2201	1.43	2.09	1.64	2.1144	1.0572	0.8196	0.2128

注：31* 来源于《2014 云南统计年鉴》，2009~2012 年的值为 1817.73 万公顷；其余来源《关于云南省第二次全国土地调查主要数据成果的公报》；面积的单位为万公顷；*NEP* 的单位为 $tC/(hm^2 \cdot a)$。

表 5-5　云南省公共管理与服务用地、水域和其他二级子系统的面积和 *NEP*

编号	81	82	111, 113, 114, 116	112	115	122	123
面积	5.528	1.0851	57.4984	3.851	0.000155	117.4623	3.2212
NEP	1.64	1.64	0.1554	0.4664	1.76	0.2128	1.76

注：面积的单位为万公顷；*NEP* 的单位为 $tC/(hm^2 \cdot a)$。

耕地、园地、草地的数据均来源于云南省国土厅和统计局的土地二次调查（于 2007 年 1 月 1 日，至 2009 年 12 月 31 日结束，调查结果于 2014 年 2 月 27 日公布）数据；林地和森林数据来源于《2014 云南统计年鉴》；水域和其他中的湿地数据来源于云南省林业厅湿地办的调查（于 2012 年开始，于 2013 年结束，2014 年年初公布结果）。

5.4　云南省碳承载力计算、碳超载分析

5.4.1　云南省碳承载力的计算结果

假设耕地、园地、草地、公管用地、水域、其他子系统的面积不变，而森林

面积按照对应年鉴进行更新，计算得到子系统碳承载力及总的碳承载力结果见表 5-6。

表 5-6　2009~2013 年云南省陆地生态系统碳承载力测算结果　（10^4 t CO_2）

年份	耕地 B_{1t}	园地 B_{2t}	林地 B_{3t}	草地 B_{4t}	公管用地 B_{8t}	水域用地 B_{11t}	其他 B_{12t}	区域碳承载力 B_t
2009~2012	3617.51	1057.12	15961.69	410.34	39.77	39.35	112.44	21238.63
2013	3617.51	1057.12	16709.53	410.34	39.77	39.35	112.44	21986.07

2013 年，林地、耕地、园地的碳承载力分别约占区域碳承载力的 71.93%、18.4% 和 6.81%，三者共计占区域碳承载力的 97.15%；草地、公管用地、水域、其他子系统碳承载力占云南省碳承载力的比值分别约为 1.86%、0.18%、0.18%、0.51%。舍弃公管用地、水域、其他子系统的碳承载力，对估算云南省生态系统碳承载力的影响很小。耕地的碳承载力远超过了草地，即舍弃耕地子系统的碳承载力将较大影响云南省碳承载力的估算结果的准确性。

5.4.2　云南省碳排放量计算结果

2005~2013 年云南省化石能源消费量 E_{1t}、水泥产量 M_t、化石能源燃烧排放的 CO_2 D_{1t}、水泥生产过程碳酸盐分解产生的 CO_2 D_{2t}，二氧化碳排放量 D_t 见表 5-7。

表 5-7　2005~2013 年化石能源燃烧、水泥生产过程碳酸盐分解及总的 CO_2 排放质量

年份	E_{1t} 标煤/10^4 t	D_{1t}/10^4 t CO_2	M_t/10^4 t	D_{2t}/10^4 t CO_2	D_t/10^4 t CO_2	D_{2t}/D_t
2005	4752.31	11676.43	2832.62	1492.79	13169.22	0.11
2006	5454.03	13400.54	3305.97	1742.25	15142.79	0.12
2007	5853.75	14382.66	3568.53	1880.62	16263.28	0.12
2008	5724.00	14063.86	4011.98	2114.31	16178.17	0.13
2009	6327.66	15547.05	5046.45	2659.48	18206.53	0.15
2010	6594.10	16201.71	5786.16	3049.31	19251.02	0.16
2011	6895.71	16942.77	6788.88	3577.74	20520.51	0.17
2012	7317.14	17978.21	7793.66	4107.26	22085.47	0.2285
2013	7602.73	18679.91	9009.16	4747.83	23427.73	0.2542

结果表明，无论是云南省化石能源消费还是水泥生产过程中碳酸盐分解产生的 CO_2，2005~2013 年间呈现明显的递增趋势（见图 5-1），D_{2t} 与 D_t 的比值呈现递增的趋势；2009~2013 年 D_{2t} 分别比上一年度递增了 25.78%、14.66%、17.33%、14.80% 和 15.60%；2009~2013 年 D_{1t} 分别比上一年度递增了 10.55%、

4.21%、4.57%、6.11% 和 3.90%；2009~2013 年 D_t 分别比上一年度递增了 12.53%、5.73%、6.59%、7.02% 和 6.08%。

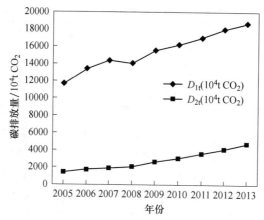

图 5-1 化石能源消费和水泥生产过程
碳酸分解产生的 CO_2 的质量

5.4.3 云南省碳超载现象的判定

5.4.3.1 负载定额律

《中国自然保护纲要》总结了六条生态规律：物物相关律、相生相克律、能流物复律、负载定额律、协调稳定律、时空有宜律。

负载定额律是指，任何生态系统都有一个大致的负载（承受）能力上限，包括一定的生物生产能力、吸收消化污染物的能力、承受一定程度的外部冲击的能力。如果生态系统实际供养的生物（如牲畜）数量超过了其生物生产能力，则生态系统（如草场）就会受到破坏；如果生态系统承载的污染物的实际数量或质量超过了其阈值，则生态系统就会被污染。因此，为了保护环境和生态平衡，必须使生态系统供养的生物数量不超过其生物生产能力，必须确保排入生态系统的污染物不超过生态系统的自净能力。

5.4.3.2 学界关于生态超载的判定方法

1996 年，美国在南部佛罗里达可斯地区设立了"佛罗里达承载力研究"项目，由此掀起了研究生态承载力的高潮，生态系统承载力的研究越来越受到学界的重视。王家骥等（2000 年）[75]采用生产力阈值和现实生产力的比较来评价某区域的生态承载力状况。当内外干扰使自然植被的净第一性生产力低于各级阈值时，该区域由非荒漠化区域向潜在荒漠化区域，再向荒漠化正在发展区域，再向荒漠化强烈发展区域，荒漠严重发展区域直至沙质荒漠化区域过渡。该方法适合小尺度生态系统承载力变化的判断。高吉喜（2001 年）[112]为了定量描述特定生态系统的承载状况，构建了线性加权生态承载力综合评价模型，并建立了承载指数和压力指数及承载度等概念，并对黑河流域的生态承载力进行了评估。苏喜友（2002 年）[113]研究了森林承载力（FCC），将其定义为森林所能承受的人类活动作用的最大值；将这一时期区域人类活动实际作用于森林的量，即森林承载量（FCQ）；将 FCQ 与 FCC 的比值定义为森林承载指数（FCI）。若 $FCI<1$，表示该森林系统处于弱载（强可持续发展）状态；若 $FCI=1$，表示该森林系统处于满载（弱可持续发展）状态；$FCI>1$，表示该森林系统处于超载（不可持续发展）状态。

关丽娟（2012 年）[114]将碳源定义为碳压力指标，影响碳汇的指标碳支持力指标，采用层次分析法研究了碳压力和碳支持力，将碳承载率定义为碳压力与碳支持力的比值；根据碳承载率所在区间对其所代表的承载状况划分为严重空载、轻度空载、适载、轻度超载和严重超载五个级别；当碳压力和碳支持力相等时即碳承载平衡是保持资源、环境、经济和社会协调发展的理想状态，此时碳承载率为 1，而碳压力和碳支持力刚好相等的情况在现实中出现的可能性比较小，所以将此状态下碳承载率的取值范围分别向上和向下扩大 0.1，即当碳压力指数和碳支持力指数之差保持在 10% 以内时即为理想状态。

5.4.3.3 基于碳超载率的碳超载判定模型

判定碳超载现象或碳失衡的严重程度的模型见图 5-2。根据式（4-16），云南省大约从 2012 年开始出现了碳超载现象，2012 年和 2013 年分别超载约 846.84 万吨和 1441.66 万吨。区域碳超载率是区域超载量与陆地生态系统碳承载力的比值，见计算式（5-5）。

$$\begin{cases} \text{若 } 0<\xi_t<20\%，\text{则区域出现了轻度碳超载现象} \\ \text{若 } 20\% \leq \xi_t<50\%，\text{则区域出现了中度碳超载现象} \\ \text{若 } 50\% \leq \xi_t<100\%，\text{则区域出现了重度碳超载现象} \\ \text{若 } \xi_t \geq 100\%，\text{则区域出现了超重度碳超载现象} \end{cases}$$

图 5-2　区域碳超载现象的判定模型

图 5-2 是碳超载现象严重程度的判定模型，云南省 2012 年、2013 年的碳超载率分别约为 3.99% 和 6.56%。

可见，云南省 2012 年和 2013 年分别出现了轻度碳超载现象，且碳超载率呈现递增趋势。

$$\xi_t = \frac{\Delta_t}{B_t} \times 100\% \tag{5-5}$$

5.4.4　基于 *NEP* 纬度变异规律的云南省碳承载力计算结果与生态足迹法的比较

生态足迹法是研究生态承载力比较成熟的方法。自 1992 年诞生以来，得到了学界的不断完善。它将区域人口所需要的资源足迹和生产消费产生的能源足迹分别与实际拥有的生物生产性用地（耕地、草地、水域、林地）和化石能源用地的面积进行比较，评估某区域的生态状况。

刘东等（2012 年）[115]采用生态足迹法评价了中国生态承载力，结果表明，我国生态承载力失衡已相当严重。生态赤字区主要分布于京津冀、环渤海湾、黄淮海平原、长江三角洲、珠江三角洲、浙闽粤沿海等城市群较为密集的沿海地区，这些地区人口密度大，且流动人口迁入较为集中。

薛晓娇等（2011 年）[116]研究了 2005 年中国省域尺度能源足迹，结果显示，能源生态盈余排在前三位的是内蒙古、青海和云南，其能源生态盈余分别约为 $1892.51 \times 10^4 hm^2$、$1762.11 \times 10^4 hm^2$、$1180.11 \times 10^4 hm^2$。

在《中国生态足迹报告 2012》中，2009 年中国仅有云南、西藏、海南、青海、内蒙古、新疆出现生态盈余，其中云南、海南、新疆处于生态盈余向生态赤字转换的边缘。云南省人均生态承载力为 1.58gha，人均生态足迹为 1.23gha，人均生态盈余约 0.34gha[117]（gha 为全球公顷）。

云南省碳承载力的承载对象包括了化石能源消费和水泥生产过程碳酸盐分解的碳排放量，比生态足迹法的能源足迹承载的对象多了水泥生产过程碳酸盐分解的碳排放量。本书采用 *NEP* 的纬度变异规律确定了林地和耕地子系统的碳承载力，而其他子系统的 *NEP* 采用了国内学者的研究成果。

计算结果表明，2005 年和 2009 年，云南省的碳排放量均处于安全范围。其中，2009 年的碳承载力和碳排放量分别为 21238.63 万吨、18206.53 万吨，碳盈余量为 3032.1 万吨。2012 年开始出现碳赤字，赤字为 846.84 万吨。该结论与刘东等（2012 年）[115]、薛晓娇等（2011 年）[116]、张一群等（2015 年）[117]采用生态足迹法的研究成果是吻合的，它表明基于纬度变异规律确定林地和耕地子系统 *NEP* 的方法是可行的。

5.5　子系统不同分类方法和 *NEP* 不同数据来源的碳承载力结果的比较

云南省地理位置相对比较特殊，即紧邻亚洲热带，北回归线穿过云南省部分区域；垂直的气候带造就了云南省比较丰富的植被资源。

以《国家土地利用现状分类标准》为指导，对陆地生态系统进行了分类。

以亚洲热带森林的 *NEP* 为参照值，采用 *NEP* 的纬度变异规律推算云南省森林 *NEP*。

采用同纬度地区农田和森林 *NEP* 的关系，推算云南省水田、旱地的值。

其他子系统的 *NEP* 来源于国内其他学者的相关成果。

如果采用全球森林 *NEP* 均值、草地 *NEP* 均值、农田植被 *NPP* 或者采用欧盟提供的森林和草地 *NEP* 的数据，云南省的碳承载力结果将产生很大的差异性。

5.5.1 计算模型

5.5.1.1 农作物净碳汇量与净初级生产量（*NPP*）的关系

根据我国《土地利用现状分类标准》（GB/T 21010—2007），土地被划分为耕地（农田）、园地、林地、草地等 11 个一级土地类型，所以农田又称为耕地（Field Ecosystem，FE）。它是经过人类开垦用以种植农作物（以粮食、油料和糖料为主）的土地，是依靠自然要素和人为投入要素而形成的具有农产品生产功能和碳汇、土壤保持、养分循环等生态服务功能的半自然生态系统。其中，自然要素包括土壤、阳光、温度、水分等，人为投入要素包括种子、化肥、农药、灌溉、机械等。农作物是农田生态系统人类种植的植物的总称。农田净碳汇量（the net carbon sink quality of FE，NC）等于农作物的净碳汇量与人为投入要素产生的碳排放量的差。

农作物的净碳汇量是农田所有农作物全生育期内通过光合作用固定的有机碳的质量与自身呼吸作用消耗的有机碳的质量的差。*NPP* 的理论值是某区域农田系统所有农作物净碳汇量的和，实际上，由于统计困难，通常采用主要农作物净碳汇量的和代替 *NPP* 的理论值。

全生育期指作物从播种到成熟所需的总天数。生物生产力是指生物及其群体全生育期内的物质生产能力，生物生产量是生物生产力与面积的乘积。农田的生物产量是全生育期内所有植物的产量，生态学将农田农作物的收获产量与生物产量的比值称为经济系数。如何将生物产量转变为干物质产量？生态学界引入了生物含水率的概念。它是指生物产量中水分的质量与生物产量的比值，不同农作物的含水率存在较大的差异。碳吸收率是农作物全生育期内通过光合作用净吸收的碳占干物质质量的比值，它是将农作物干物质的质量转化为有机碳的质量的重要指标。农作物的收获产量与净碳汇量的关系见图 5-3。

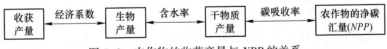

图 5-3 农作物的收获产量与 *NPP* 的关系

设某区域农田包含 *i* 个子系统，每个子系统对应一种农作物。第 *t* 年第 *i* 个子系统农作物的净碳汇量用 *NPP$_{it}$* 表示，第 *t* 年该区域农田主要农作物的净碳汇量用 *NPP$_t$* 表示，则 *NPP$_t$* 与 *NPP$_{it}$* 的关系见式（5-7）的前半部分，*NPP$_{it}$* 与第 *i*

种农作物的收获产量、经济系数、含水率、碳吸收率的关系见式（5-6）的后半部分。

$$NPP_t = \sum_{i=1}^{n} NPP_{it} = \sum_{i=1}^{n} \frac{Q_{it} \times (1 - W_i)}{E_i} \times C_i \qquad (5-6)$$

式中，Q_{it} 为收获产量，10^4t；E_i、W_i、C_i 分别是经济系数、含水率、碳吸收率，%。

5.5.1.2 农作物种植过程中人为投入产生的碳排放量的计算模型

碳源（carbon source）是指向空气中排放 CO_2 的过程、活动、机制，碳排放量是某一碳源向大气中排放的 CO_2 的质量。农田集约化生产过程中的碳源主要有：

（1）化肥使用，包括氮肥、磷肥、钾肥和复合肥。

（2）农膜使用。

（3）灌溉耗用的化石能源。

（4）农药使用。

（5）农用机械的柴油消耗量。

（6）机械使用。其中，农田翻耕也产生少量的碳，但因量小，本书不将农田翻耕纳入到碳源的统计中。

主要碳源排放的 CO_2 的质量的和就是农作物种植过程中人为投入产生的碳排放量。它与集约化水平成正比。农作物种植的集约化是指农田耕种过程中投入化肥、农药、薄膜、机械化设备等的使用的数量。集约化程度越低，通常表示农作物种植过程的化肥、农药、薄膜等的一种或几种使用量越低，或农业机械化所消耗的能源越低。一般来说，山区农作物耕种过程的集约化程度低于平原地区的；随着农作物种植水平的提高，集约化程度有递增的趋势。

利用 U_{jt} 和 α_j 分别表示农田生产过程中第 t 年第 j 种投入的使用量和对应人为投入所对应的碳排放系数，则第 t 年农作物种植过程产生的碳排放量 C_{ft} 测算模型见式（5-8）。

$$C_{ft} = \sum_{j=1}^{k} U_{jt} \alpha_j \qquad (5-7)$$

式中，k 为农田生产过程人为投入的种类。

碳排放量 C_{ft} 来源于：

（1）农田氮肥、磷肥、钾肥和复合肥使用量（单位：10^4t）。

（2）农膜使用量（单位：10^4t）。

（3）农药使用量（单位：10^4t）。

（4）柴油使用量（单位：10^4t）。

（5）农田机械总动力（单位：10^4kW）。

（6）农田灌溉面积（单位：$10^4 \mathrm{hm}^2$）。

（7）农田机械使用面积（单位：$10^4 \mathrm{hm}^2$）。

5.5.1.3 农田生态系统净碳汇量的计算模型

农田生态系统净碳汇量实质是农作物的净碳汇量与种植过程中人为投入产生的碳排放量的差，见式（5-8）。其中，NC_t 表示第 t 年农田生态系统的净碳汇量。

$$NC_t = NPP_t - C_{ft} = \sum_{i=1}^{n} NPP_{it} - \sum_{j=1}^{k} U_{jt} \cdot \alpha_j \qquad (5-8)$$

若 $NC_t > 0$，即第 t 年该区域农田生态系统净光合作用吸收的碳的质量大于集约化生产过程中人为投入的碳的释放量，则表示第 t 年该区域农田生态系统为碳汇地。

若 $NC_t = 0$，即该区域农田生态系统净光合作用吸收的碳的质量与集约化生产过程中人为投入的碳的释放量刚好相等，则表示第 t 年该区域农田生态系统为碳平衡地。

若 $NC_t < 0$，即第 t 年该区域农田生态系统净光合作用吸收的碳的质量小于集约化生产过程中人为投入的碳的释放量，则表示第 t 年该区域的农田生态系统为碳源地。

5.5.2 数据来源

5.5.2.1 计算云南省农作物净碳汇量所需的数据来源

农田的农作物以粮食、油料、糖料等为主。云南省粮食通常包括稻谷、小麦、玉米、豆类、薯类（包括甘薯和马铃薯，不包括芋头和木薯）和蔬菜，油料主要包括花生和油菜籽，糖料以甘蔗为主。因云南省烟叶产量较大，所以本书将烟叶作为云南省农田的主要农作物。茶叶、水果属于园地的产出，不属于农田系统的农作物。其他农作物因收获产量小，本书将其忽略。因此，本书选取包括稻谷、小麦、玉米、豆类、薯类、花生、油菜籽、烟叶、甘蔗和蔬菜在内的 10 种主要农作物计算云南省农作物的净碳汇量。其收获产量来自 1999~2013 年《云南统计年鉴》。

十种农作物的经济系数、含水率、碳吸收率的数据见表5-8。

表 5-8 云南省主要农作物的经济系数（E_i）、含水率（W_i）、碳吸收率（C_i）[119,120]

农作物	$E_i/\%$	$W_i/\%$	$C_i/\%$	农作物	$E_i/\%$	$W_i/\%$	$C_i/\%$
稻谷	45	12	41.44	花生	43	10	45
小麦	40	12	48.53	油菜籽	25	10	45

续表 5-8

农作物	$E_i/\%$	$W_i/\%$	$C_i/\%$	农作物	$E_i/\%$	$W_i/\%$	$C_i/\%$
玉米	40	13	47.09	烟叶	55	12.5	45
豆类	35	13	45	甘蔗	50	50	45
薯类	70	70	42.26	蔬菜	60	90	45

5.5.2.2 计算人为投入产生的碳排放量所需的数据来源

广义上，农田、园地、林地、养殖业都属于农业系统。因为农田是人为投入比较大的生态系统，而林地的树木和园地（茶园、果园和其他园地）在植物种植过程中的人为投入相对较小。而我国目前还没有将农田投入与果园、茶园投入分开统计，故本文采用农用化肥使用量、农业机械总动力数据来代替农田化肥使用量、农田机械总动力。它们分别来源于《云南统计年鉴》，分别包括：农田化肥（包括氮肥、磷肥、钾肥和复合肥）使用量，农田农膜使用量，农田灌溉耗用的化石能源，农田农药使用，农田机械的柴油消耗量和农田机械使用量。种植面积来自 1999~2013 年《云南统计年鉴》，使用量、灌溉面积来自 1999~2013 年《云南农业年鉴》和《中国农村统计年鉴》。

引用美国学者 West（2002 年）[121]的研究成果，根据 20 世纪 90 年代中期美国农药、化肥等使用过程直接或间接消耗化石能源情况计算而来，农田生产过程人为投入的碳排放系数见表 5-9。

表 5-9　人为投入要素种类及排放系数　　　　　　　　（kgC/kg）

要素种类	碳排放系数	要素种类	碳排放系数
氮肥	0.85754	农药	4.9341
磷肥	0.16509	柴油	0.5927
钾肥	0.12008	灌溉	266.48kgC/hm^2
复合肥	0.38097	农作物种植排放	16.47kgC/hm^2
农膜	5.18	机械总动力	0.18kgC/kW

5.5.3　基于系数法的农田农作物净碳汇量结果

采用 NEP 估算云南省农田生态子系统碳承载力约为 3617.51 万吨 CO_2，明显小于采用经济系数、含水率、碳吸收率的 NPP 的估算结果（见表 5-10）。

表 5-10　农田生态子系统农作物净碳汇量估算结果

年　份	农作物净碳汇量/10^4t CO_2
2009	7786.35
2010	7606.65
2011	8203.10
2012	8693.34
2013	9051.28

之所以 NEP 明显小于 NPP，原因在于包括生态子系统内部的动物呼吸排放的 CO_2 占植被从大气中净固定、吸收 CO_2 的比值是比较高的，一般情况下超过了 NPP 的 50%，甚至超过了 NPP 的值，即 NEP 为负值。当 NEP 为负值时，表示该子系统成为了碳源地。

可见，采用 NPP 计算生态系统碳承载力能反映承载力的变化趋势，但一般会使得承载力的结果出现高估的现象。

5.5.4　不同 NEP 系数来源的云南省碳承载力计算结果的比较

赵先超等（2012 年）[121]和高军波等（2012 年）[122]认为人类排放的 CO_2 主要有地表植被吸收，根据欧盟环保署提供的林地和草地的碳吸收能力的系数计算了湖南和河南省碳承载力。

表 5-11 是采用不同 NEP 来源和生态系统分类方法的 NEP 结果的比较。

表 5-11　采用其他 NEP 来源和生态系统分类方法的云南省碳承载力计算结果的比较

年份	方法 1：按照赵先贵等的分类和 NEP	方法 2：按照肖玲等的分类和 NEP	方法 3：按照欧盟提供的子系统的分类和 NEP	云南省碳排放量
2009	34230.23	18021.33	9066.28	18206.53
2010	34050.53	17841.63	9066.28	19251.02
2011	34646.98	18438.09	9066.28	20520.51
2012	35137.22	18928.32	9066.28	22085.47
2013	36842.56	19792.03	9402.28	23427.73

方法 1 的计算结果表明，云南省 2013 年生态盈余约为 13415 万吨 CO_2；

方法 2 的结果表明，云南省 2009 年开始出现碳赤字，且每年的碳赤字逐渐增大，2009 年和 2013 年分别赤字 195 万吨 CO_2 和 3655 万吨 CO_2；

方法 3 的结果表明，云南省 2000 年左右就已经出现了碳赤字。

若把这三种 NEP 来源和子系统划分的计算结果与《中国生态足迹报告》的结果和张一群的结果进行比较，差距十分明显。

5.6 本章小结

综上所述，本书以《国家土地利用现状分类标准》为指导，对陆地生态系统进行了分类。本书以亚洲热带森林的 *NEP* 为参照值，采用 *NEP* 的纬度变异规律推算云南省森林 *NEP*；采用同纬度地区农田和森林 *NEP* 的关系，推算云南省水田、旱地的值；其他子系统的 *NEP* 来源于国内其他学者的相关成果计算云南省碳承载力的结果是比较可信的，《中国生态足迹报告》的研究结果比较接近，与张一群等关于云南省生态足迹的研究结果比较吻合。张一群等关于云南省生态足迹的研究结果见文献 [117]。

生态足迹法是生态承载力的倒置，能源足迹是生态系统碳承载力的倒置。两者的比较结果表明：

（1）科学细分子系统是准确估算碳承载力的必需步骤。

（2）在不能找到省域尺度森林、水田、旱地 *NEP* 权威数据的情况下，采用 *NEP* 的纬度变异规律推算云南省森林 *NEP*，采用同纬度地区农田和森林 *NEP* 的关系推算农田子系统 *NEP* 的研究方法是可行的。

6 云南省碳排放量目标值的预测研究

云南省自 2012 年开始出现了轻微的碳超载现象。2012 年、2013 年的碳超载率分别为 3.99% 和 6.56%，云南省碳锁定的深度呈现了加剧的趋势。探讨碳均衡目标实现机制，预防云南省出现碳锁定现象，是云南省生态文明建设的重要任务。

6.1 均衡理论的发展历程和分类

均衡是现代经济学最基本的概念之一，由詹姆斯·斯图亚特于 1796 年提出。微观经济中的商品价格的决定、消费和生产的最优分析、要素供给与需求分析，或宏观经济体系中总供给与总需求、产品市场与货币市场、经济稳定增长等，都是以均衡假设为基础的。

6.1.1 一般均衡理论

在经济学中，均衡最直接的含义被看成是"力量的平衡"，或者用来表示没有内在"变革倾向"的一种状态。即当需求与供给平衡时，价格处于平衡状态，反之，价格就要发生变化。此时的均衡有价格均衡和商品数量均衡。引起供求不平衡的主要因素是买主的购买力和竞争的程度。

（1）局部均衡和一般均衡。按经济活动涉及的范围、经济变量的多少及经济变量间的相互关系，均衡可分为局部均衡和一般均衡。局部均衡是部分市场的均衡，甚至是一种商品的均衡；而一般均衡是经济体系的均衡，是指在生产者、消费者、替代品供给者、互补品生产者等诸多力量的共同作用下，所有商品的供给和需求同时相等，就说明所有卖者的销售行为和所有买者的购买行为相互一致的状态。其实质是诸多力量的驱动下，经济体系达到了由价格机制推动的资源配置的状态。相对来说，局部均衡目标比一般均衡目标的实现要容易得到。由于有多种力量的角逐，自由竞争实现一般均衡的过程，一般是一个充满摩擦的复杂的艰难的过程。仅仅依靠价值规律的自动调节，没有政府的干预，经济体系要想达到一般均衡非常困难。

（2）暂时均衡、短期均衡和长期均衡。按时间的长短，均衡可分为暂时均衡、短期均衡和长期均衡。

1）暂时均衡（temporary equilibrium）是在时期 $t = 0$ 时达到的均衡。

2）短期均衡（short-run equilibrium）是在几个月至一年左右时间内的均衡。

3）长期均衡（long-run equilibrium）是一年以上的均衡，在这个时期内，除土地外，一切生产要素的供给量都可以改变以适应需求的变动。

（3）静态均衡和动态均衡。按与时间因素的关系，均衡可分为静态均衡和动态均衡。

1）静态均衡是一种时点性的分析，描述了一个极短时间内的均衡。

2）动态均衡是一种长期现象，应在静态均衡概念中加入动态学的内容。在有限的时间内，经济体系可以看作处于均衡状态，但在一个较长时间内，经济体系通常总是在运动的，因而在一定程度上处于不均衡状态。

6.1.2 纳什均衡理论

均衡既是经济学的研究出发点，又是博弈论的核心概念。博弈论中的"均衡"是指博弈达到的一种稳定状态，没有一方愿意单独改变战略。按照博弈的分类，均衡可以分为四种基本类型，其中最重要也是最著名的就是对应于完全信息静态博弈的纳什均衡。

6.1.2.1　理论的主要内容

纳什均衡指所有参与人的战略组合是最优的，以至于在对手战略已知的情况下，没有任何参与人有积极选择其他战略使自己获得更大利益，从而没有任何人有积极性打破这种均衡。纳什均衡是一种非合作的博弈，它表明在一个局中人策略已定的情况下，另一个人只能采取某种策略才能获得最大利益，任何策略的改变都不能使他的利益进一步增加。也就是说在相互影响的经济决策中每个人都依据别人的行为方式和可能采取的行动，做出自己的决策。

6.1.2.2　纳什均衡的意义

纳什均衡不一定是帕累托最优的，但有效的帕累托最优只有通过纳什均衡才能实现。有效的制度设计，就是如何通过纳什均衡实现帕累托最优。纳什均衡被广泛应用于制度设计。一种制度（体制）安排要发生效力，必须是一种纳什均衡。否则，这种制度安排便不能成立。任何制度，只有构成纳什均衡，才能得到人们的自觉遵守。每个个体都是理性的，都有自己的思想，在做出决策时，要充分学会理解他人，了解竞争对手，所谓"知己知彼百战不殆""己所不欲勿施于人"。由于人们掌握的信息常常是不完全的，这就要求我们在决策过程中即动态博弈中不断地收集信息，积累知识，以此修正判断，调整对策。

6.2 目标管理和碳强度目标

6.2.1 目标管理理论的提出和发展

目标管理是美国管理学家彼得·德鲁克（Peter F. Drucker）于1954年在其著作《管理实践》中提出的。目标管理（management by objectives）理论是德鲁克的"招牌菜"，是现代管理学理论体系中的一颗璀璨明珠[123]。它是德鲁克发明的最重要、最有影响的概念之一，并已成为现代管理学理论体系的重要组成部分。德鲁克指出，组织一定要当心"活动陷阱"（activity trap），不能只顾拉车不抬头看路，最终忘了自己的目标。

其重要性主要体现在：如果一个领域没有目标，这个领域的工作必然被忽视。目标管理是一种程序或过程，即组织中的上下级一起根据组织的使命协商确定一定时期内组织的总目标，由此决定上、下级的责任和分目标，并把这些目标作为组织经营、评估和奖励每个单位和个人贡献的标准。

以目标管理理论为基础，洛克提出了目标设置理论。他认为目标越具体、越具挑战性、越能激发人们产生实现目标的成就需要和提高工作的努力程度，并要求进行及时的绩效反馈。

对于一个法人组织来说，目标管理是一种程序，组织中上下级管理人员可以共同来制定共同的目标，确定彼此的劳动成果，并以此项成果作为指导业务和衡量各自贡献的准则，是一种为了使管理能够真正达到预期效果及实现企业目标而在企业管理过程中采用的一种以自我控制为主导思想，并注重结果导向、过程激励的管理方法。

6.2.2 低碳经济发展过程中的目标管理思想

1997年，欧盟承诺以1990年的温室气体排放量为基准，欧盟15国（为1997年欧盟拥有的成员国，简称EU-15）在2008～2012年期间减少8%的温室气体排放量。根据《京都议定书》第4条规定，欧盟有权将应减少的8%排放量依其15个成员国的国情与经济发展情况进行差异性分配（称为E UBubble）。欧盟各国的低碳经济目标的实质是绝对碳排放量的减少目标。

碳强度是单位国民生产总值（GDP）的GHG或者二氧化碳（CO_2）排放数量，其公式见式（6-1），"I"表示碳强度，"E"表示GHG或CO_2的排放质量。碳强度目标是气候谈判参与国承诺的未来目标年份要达到的碳强度，即其表达式见式（6-2），I_t表示碳强度目标。

$$I = \frac{E}{GDP} \qquad (6-1)$$

$$I_t = \frac{E}{GDP} \qquad\qquad (6-2)$$

碳强度目标的另一种表示方法是目标年份碳强度相对于某历史基年碳强度的下降率，比如印度承诺其 2020 年的 CO_2 排放强度比 2005 年下降 20%~25%。由于历史基年的碳强度是一个已知的定量，所以以上两种碳强度目标表示方法是等价的。

1999 年，阿根廷宣布了其 2012 年要达到的碳强度目标。政府根据本国未来 GDP 和农业部门的增长预期，设想了 9 种可能的 GHG 排放 BAU 情形。阿根廷设定的碳强度目标，能够保证目标年的实际 GHG 排放比可能的各种 BAU 排放下降 2%~10%，其 GHG 排放数量的上限取决于 GDP 的平方根，随着 GDP 增加，排放数量只能以小于 GDP 增加的速度增加，且以递减的速度增加。它覆盖所有 GHG 类型和所有排放 GHG 的行业。

2001 年，美国布什政府决定不接受《京都议定书》规定的强制性 GHG 数量目标，而代之以自愿性的碳强度目标——承诺 2012 年将美国单位 GDP 的 GHG 排放相对于 2002 年降低 18%。

2009 年，中国政府宣布 2020 年单位 GDP 的 CO_2 排放量比 2005 年降低 40%~45%，这是中国首次对碳减排做出实质性的承诺。

6.2.3 碳强度目标的弊端

（1）碳强度目标的直接后果是导致了碳排放量快速递增。无论是阿根廷未执行的碳强度目标，还是中国、美国的碳强度目标都广泛受到了国内外学者的关注。阿根廷的碳强度目标的意义在于，它是第一个以碳强度目标形式做出的气候治理承诺，而且它是经过严格测算得出的，在一定程度上增加了社会各界尤其是环保人士对该国碳强度目标的可信度。而美国的碳强度目标受到了发达国家和发展国家学者的普遍批评，因为它与预期的 BAU 情形无异，即基本不具有严格性。

有些研究认为中国碳强度目标不需要额外努力就可以达到，但主流观点认为中国碳强度目标超越了 BAU 情形。中国碳强度目标主要涉及 6 种 GHG 中的 CO_2，且只覆盖能源消费活动和水泥生产过程。碳强度目标的实现并未导致中国碳排放量总量递减或递增速率减慢。

全球气候变化研究领域最权威的学术机构——英国丁铎尔气候变化研究中心，在世界顶级学术期刊《自然》杂志的《自然气候变化》专刊在线发表了"全球碳计划"2012 年度研究成果。根据最新年度数据，全球 CO_2 排放将在今年进一步增加，预计较去年增加幅度为 2.6%，达到创纪录的 356 亿吨。研究显示，2011 年全球碳排放最多的国家和地区包括：中国（28%），美国（16%），欧盟

（11%）和印度（7%）。研究发现，尽管总量偏高，中国的人均排放量为 6.6t，与美国的人均排放 17.2t 相差甚远。同时，欧盟的人均排放量降至了 7.3t，仍高于中国的人均排放量水平❶。

（2）碳强度目标导致碳排放量超出了区域碳承载力。云南省是祖国重要的生态屏障，是世界基因宝库。2015 年 12 月 6 日，中国低碳发展宏观战略成果宣介暨地方低碳发展研讨会在昆明召开。会上，云南省发改委相关负责人介绍，2014 年云南省碳强度较 2013 年降低 20.67%，较 2010 年降低 39.72%，超额完成"十二五"下降 16.5% 的目标任务。然而，碳强度目标的超额完成并为阻止云南省出现轻微的碳超载现象，其出现的时间是 2012 年。

6.3 云南省实现碳均衡目标的基本构想

碳均衡是区域内经济社会活动产生的碳排放量与生态系统碳承载力相等的一种临时状态，但不是理想状态。理想状态是全球范围内的碳排放量在生态系统碳承载力范围之内。当区域内经济活动产生的碳排放量大于该区域内陆地生态系统的碳承载力时，则称为该区域出现了碳超载现象。

若 $D_t < B_t$，则表明该区域经济发展的碳排放量在生态系统碳承载力范围之内，表明该区域的碳排放是安全的；

若 $D_t > B_t$，则表明该区域出现了碳超载现象；

若 $D_t = B_t$，则表明该区域刚好实现了碳均衡目标，即陆地生态系统碳承载力和区域经济活动碳排放两个力量刚好相等的临界状态。

若一个区域出现了碳超载，则需要设计有效的制度以防止参与碳循环的各方陷入"囚徒困境"，比如碳排放方不管生态系统碳承载力的大小而随意排放，或陆地生态系统的管理者因为没有获得相应的利益而丧失提高碳承载力的积极性。

有效的制度设计，就是如何通过纳什均衡实现帕累托最优，加强合作，实现利己又利人的共赢结果。为了避免陷入"囚徒困境"，实现社会或集体利益最大化，除了加强协调合作，还须引入比较完善的制度（第三方力量）来约束个体的自利行为，防止陷入恶性竞争。为避免"纳什均衡"对经济发展带来短期行为，要求协调中央和地方的利益，充分发挥政府的引导作用和市场机制的调节作用，建立完善的产权制度、碳补偿机制、社会征信体系，鼓励并引导市场主体追求长期利益。

其实现碳均衡的基本步骤是：

第一，若某区域出现了超重度碳超载，则需要设计有效的制度以提高区域碳

---

❶ 数据来源于 http://www.china-nengyuan.com/news/41516.html。

承载力和降低碳排放量，逐步减轻碳锁定的深度。

第二，若某区域仅仅出现轻度碳超载，则该区域低碳经济发展的目标是力争达到碳均衡状态，预防碳锁定的出现。

第三，力争在生态系统碳承载力范围之内进行资源配置的活动以实现碳安全。

6.3.1 碳均衡的分类

6.3.1.1 局部碳均衡和总体碳均衡的界定

均衡本应与失衡相对应，但是失衡包括两种情况。

一种是区域的化石能源和水泥生产碳酸盐分解产生的碳排放量在区域的碳承载力范围之内，它表明区域经济结构相对合理、生态环境相对良好，实质是碳安全。

另一种是区域的化石能源和水泥生产碳酸盐分解产生的碳排放量超出了区域的碳承载力范围，它表明区域经济结构不太合理、生态环境还不足以支撑当地的经济结构所排放的 CO_2，实质是碳超载。因为碳安全是世界所有国家低碳经济发展要追求的目标，若将其称为碳失衡不符合"失衡"的真正内涵。

基于此，某区域化石能源和水泥生产碳酸盐分解产生的碳排放量与其碳承载力的结果比较可以分为三种情况：一是碳均衡，二是碳安全，三是碳超载（见表6-1）。其中，碳超载很可能导致碳锁定。

与经济学中的局部均衡和一般均衡相比较，碳均衡可划分为局部均衡和总体均衡。局部均衡是指某个较大的区域中，其中的某个或某些小区域的碳排放量是安全的或正好处于碳均衡状态，而其他区域出现了碳超载现象。其他界定见表6-1。

表6-1 局部和总体（整体）碳均衡、碳安全、碳失衡的界定

分类	局　部	总　体
碳均衡	部分区域碳安全或碳均衡，部分区域为碳超载状态	区域总体处于碳均衡状态
碳安全	部分区域碳安全，部分区域处于碳超载或碳均衡状态	区域总体处于碳安全状态
碳超载或碳赤字	部分区域处于碳超载状态，部分区域处于碳安全或碳超载状态	区域总体处于碳超载状态

6.3.1.2 短期碳均衡、中长期、长期碳均衡的界定

短期碳均衡是指该区域一年或一年以内处于碳均衡或碳安全状态，中长期碳均衡是指该区域处于碳均衡或碳安全状态的时间在一年以上、五年以下，长期碳

均衡是指该区域五年以上都处于碳均衡或碳安全的状态。

6.3.2 云南省碳均衡目标的界定及实现思路

2012 年和 2013 年分别超载约 99.40 万吨和 1441.66 万吨，碳超载率分别约为 0.45% 和 6.56%。云南省的碳均衡目标有局部和整体之分，也有短期、中长期和长期之别。整体碳均衡比局部碳均衡的目标实现相对容易，而中长期碳均衡比短期碳均衡更具有现实指导性。按照目标实现从易到难的原则，将"云南省整体碳均衡"和"云南省中长期碳均衡"作为生态文明建设的目标，更具有现实意义。

实现碳均衡目标的基本思路是：

第一，假设各子系统的 NEP 值不变，分析 2014 年碳承载力的提升潜力，将该值作为 2014 年的碳排放量的目标值。根据 2014 年碳排放量的预测值，计算 2014 年碳超载量的预测值。

第二，发现云南省化石能源消费产生的碳排放量的特征，提出有针对性的对策。

6.4 基于碳承载力的 2014 年云南省碳排放量目标值的预测

6.4.1 碳承载力预测值的基本思路

碳承载力的大小取决于区域内总面积一定的陆地生态系统的结构和某类型子系统 NEP 的值。云南省陆地生态系统被分为耕地、园地、林地、草地、公管用地、水域及其他子系统。其中耕地又细分为水田（含水浇地），旱地园地细分为茶园和果园（含其他园地），林地细分为森林和灌木林（含疏林地），公管用地细分为城市绿化和公园，绿地水域细分为碳承载力较高的湖泊、其他水域（包含坑塘、水库、河流、运河）、内陆滩涂和湿地。

在上述子系统中，每个子系统的碳承载力占区域或陆地生态系统总的碳承载力的比值是不一样的。

假设每个二级子系统的 NEP 值不变则其对区域或陆地生态系统总的碳承载力的影响力完全不同。由于植被和土壤的固碳能力不同每个子系统的 NEP 值大小也是存在比较大的区别。生态系统结构的变化实质是土地利用的变化。而土地利用变化对生态系统的物质循环与能量流动产生较大的影响，改变了生态系统的结构、过程和功能，进而显著影响生态系统各部分的碳承载力[124,125]。土地利用变化对陆地生态系统碳循环的影响取决于生态系统的类型和土地利用变化的方式[126]，既可能提高碳承载力，又可能减小碳承载力，甚至使得子系统成为碳源地即碳承载力为负值。

图 6-1 是计算陆地生态系统碳承载力预测值的基本思路。该思路有两种方案：

方案一：*NEP* 不变而面积变化的短时间的二级生态子系统碳承载力的预测。

第一步，识别对陆地生态系统碳承载力影响比较大的子系统；第二步，短时间看关键子系统的 *NEP* 基本维持不变。根据近年来各二级子系统面积的变化趋势，预测 2014 年关键的二级生态子系统的面积，计算关键陆地生态系统的碳承载力的预测值。

方案二：假设面积和 *NEP* 变化时的关键子系统的碳承载力。它适合长期预测，因本项目主要针对的是短期碳均衡目标，所以，暂时不把该方案作为研究的对象。

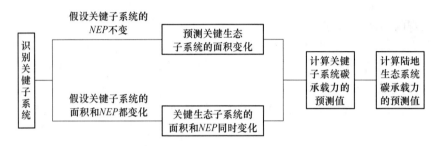

图 6-1　计算陆地生态系统碳承载力预测值的基本思路

6.4.2　碳承载力关键子系统的识别

关键生态子系统是人类生产生活必不可少的，其碳承载力占陆地生态系统碳承载力的比值不小于 3%、且 *NEP* 值大于 $1.0tC/(hm^2 \cdot a)$ 的二级子系统。

6.4.2.1　依据 *NEP* 的大小来识别

陈智等（2014 年）[96]研究表明：无论是北半球的亚洲还是欧洲或者北美洲农田生态子系统具有最大的 *NEP* 达到 $(3.16 \pm 1.73)tC/(hm^2 \cdot a)$；森林子系统的 *NEP* 略低于农田子系统为 $(2.62 \pm 2.12)tC/(hm^2 \cdot a)$；湿地和草地子系统的 *NEP* 均显著低于农田和森林子系统分别为 $(1.53 \pm 2.14)tC/(hm^2 \cdot a)$ 和 $(1.23 \pm 1.61)tC/(hm^2 \cdot a)$。关于农田子系统的 *NEP* 纬度变化规律也得到了韩冰等（2005 年）研究成果的证实即我国耕地系统的 *NEP* 值以西藏自治区最高黑龙江省最低；从分布看从南向北有逐渐递减的趋势；且中国水田比旱田有更大的 *NEP*[105]。

云南省 *NEP* 值大于 $1.0tC/(hm^2 \cdot a)$ 的子系统及其大小顺序如表 6-2 所示。建立水田、森林、茶园、湿地和果园的保护机制不断完善旱地的水土保持机制加强疏林地和灌木林的管理都有利于提高云南省陆地生态子系统的 *NEP* 进而提高碳承载力。

表 6-2　云南省 *NEP* 值大于 1.0 的子系统的排序

子系统类型	水田	森林	茶园	湿地	果园①	旱地	疏林地②
$NEP/tC \cdot (hm^2 \cdot a)^{-1}$	2.2201	2.1144	2.09	1.76	1.64	1.43	1.0572

①果园和其他园地、城市绿化和公园绿地；
②疏林地和灌木林。

6.4.2.2　基于二级子系统碳承载力所占陆地生态系统碳承载力的比值来识别

根据表 6-3 和表 6-4，二级子系统碳承载力占陆地生态系统碳承载力的比值不小于 3% 的子系统分别是森林（67.5%）、旱地（11.12%）、灌木林（8.5%）、水田（5.34%）、果园（含其他园地）(3.48%)。

表 6-3　耕地、林地的二级子系统的碳承载力（10^4t CO_2）及其占比（%）

i	3		1	
ij	31	32	11	12
B_{ij}	14840.33	1869.2	1173.60	2443.92
B_{ij}/B	67.50	8.50	5.34	11.12

表 6-4　园地、草地的二级子系统的碳承载力（10^4t CO_2）及其占比（%）

i	2		4	
ij	21	22	41, 42	43
B_{ij}	291.21	765.92	235.10	175.25
B_{ij}/B	1.32	3.48	1.07	0.80

综上所述，森林、旱地、灌木林、水田、果园是云南省陆地生态系统的关键子系统。

6.4.3　2014 年云南省关键子系统的面积变化趋势分析

2013 年云南省森林比 2010 年增加了 96.26 万公顷，年均增长约 32 万公顷。虽然农田总面积基本不变，但是水田呈现递减的趋势。与 1996 年第一次土地调查的结果相比，13 年间净减少耕地 17.77 万公顷，年均递减约 1.3 万公顷；2007 年果园面积约 30.29 万公顷，2013 年约 39.07 万公顷，年递增约 1.5 万公顷。设三种面积值不变，即：

（1）"其他"子系统的面积不变。
（2）水田和旱地的面积的和不变。
（3）森林和灌木林面积的和不变。

2014 年，森林、灌木林、水田、旱地、果园的面积分别为 1931.96 万公顷、

464.43 万公顷、142.87 万公顷、467.4 万公顷、128.87 万公顷。

6.4.4　2014 年云南省碳排放量目标值的确定

　　根据前面的分析，2014 年云南省生态系统的碳承载力约为 22006.28 万吨二氧化碳，比 2013 年约增加 20.21 万吨二氧化碳。如果云南省要实现碳均衡目标，则必须按照碳承载力的预测值来设定碳排放量目标值，根据目标值制定相应的机制。即云南省 2014 年的碳排放量目标值约为 22006.28 万吨。

6.5　2014 年云南省碳排放量目标值与预测值的比较

　　表 6-5 是 2005 年、2013 年云南省名义 GDP、能源消费量、化石能源消费量、水泥产量、施工房屋面积、固定资产投资总额的比较。它们分别比 2013 年增长了 238.49%、87.87%、61.94%、218.05%、389.47%、488.16%。

表 6-5　2005 年和 2013 年云南省部分指标的比较

年份	名义 GDP /万元	能源消费量 /10^4t	化石能源消费 /10^4t	水泥产量 /10^4t	施工房屋面积 /10^4m^2	固定资产投资总额/亿元
2005	3462.73	6023.97	4692.67	2832.62	6064.51	1755.3
2013	11720.91	11316.95	7599.33	9009.16	29683.66	9621.83
增长率/%	238.49	87.87	61.94	218.05	389.47	448.16

　　云南省碳排放量主要由两部分组成，其一是化石能源消费量燃烧过程产生的二氧化碳，其二是水泥生产过程中碳酸盐分解产生的二氧化碳。

　　由于化石能源消费量牵涉三个产业，与 GDP 关系十分密切，而 GDP 增长有一定的连贯性。而水泥生产和消耗与居民建设、交通道路建设关系密切，故需要将其分开来进行预测。

　　AR 模型基本思想是：若时间序列 X_t，X_{t-1}，…，X_1 是一个零均值的平稳随机序列，且其观察值之间具有自相关性，则 X_{t+1} 就可以根据其过去值来进行预测。如何确定 AR 模型的阶数是关键，以 AR(i) 模型的判断为例，若自相关图中 AC 函数的 ρ_p 是逐渐衰减的，而 PAC 函数的偏自相关系数 φ_k 第 i 期后是突然衰减的，则可构建 AR(i) 模型。其中，$|\rho_p|$ 和 $|\varphi_k|$ 的取值范围在 [0，1] 之间，取值越接近于 1 其自相关和偏自相关越高。根据 R^2、F、$S.E.$（标准差）和单个系数的显著性 t 检验来判断模型的优劣。

6.5.1　能源消费量（EC）和实际 GDP(RG) 的对数值的 AR 模型

　　能源消费量包括三大产业和居民生活消费的质量，数据来源 1979～2014 年《云南省统计年鉴》，并去对数处理。

本书采用 1978~2012 年《云南省统计年鉴》数据：生产总值 NG、RG 分别是名义 GDP（nominal GDP）的和实际 GDP（real GDP）的简称，单位为亿元人民币；EC 是三大产业的能耗（energy consume）的简称，单位为万吨标准煤；GDI 是 GDP 缩减指数（GDP deflator）的简称。为了消除数据间较大的波动，对生产总值和能源总消费量取对数，分别用 $\ln RG$ 和 $\ln EC$ 表示。笔者采用 Eviews 软件 6.0 对 $\ln RG$ 和 $\ln EC$ 进行单位根检验，两者都为非平稳序列；对 $\Delta\ln RG$ 和 $\Delta\ln EC$ 的 ADF 方法进行检验，结果（见表 6-6），两者都为平稳序列，符合建立 AR 模型的前提条件。

表 6-6 $\Delta\ln RG$ 和 $\Delta\ln EC$ 的单位根检验

变　量	检验模型	ADF 检验 t 值	1%临界 t 值	5%临界 t 值	结论
$\Delta\ln EC$	$(c,\ t)$	4.384539	−4.284580	−3.562882	平稳序列
$\Delta\ln RG$	$(c,\ t)$	3.431669	−4.323979	−3.580623	非平稳序列
	$(c,\ 0)$	3.339218	−3.689194	−2.971853	平稳序列

注：c 表示模型有常数项，$c=0$ 则表示没有常数项；t 表示模型有趋势项，$t=0$ 表示没有趋势项。

能源消费量（EC）和实际 GDP（RG）的 AR 模型分别见式（6-3）和式（6-4）。

采用 Eviews 软件 6.0，对 $\ln EC$ 序列进行高阶自相关性检验，取滞后期长度为 12：$\varphi_1 = 0.918$，$\varphi_2 = -0.070$，而 $\rho_1 = 0.918$，$\rho_2 = 0.827$，…，$\rho_{10} = 0.131$，$\rho_{11} = 0.074$，即 AC 函数的 ρ_p 是逐渐衰减的，而 PAC 函数的偏自相关系数第 1 期后是突然衰减的，说明建立 AR(1) 模型是可行的，见式（6-3）。

$$\ln E\hat{C}_t = 5.8663 + 1.03713(\ln EC_{t-1} - 5.8663)$$
$$= -0.2178 + 1.03713\ln EC_{t-1}\ (T = 6.5176\ 62.874) \tag{6-3}$$
$$R^2 = 0.991966,\quad S.E. = 0.069878,\quad F = 3951.058$$

对于 $\ln RG$ 序列：$\varphi_1 = 0.910$，$\varphi_2 = -0.054$，而 $\rho_1 = 0.910$，$\rho_2 = 0.818$，…，$\rho_{10} = 0.140$，$\rho_{11} = 0.070$，同样适合建立 AR(1) 模型，见式（6-4）。

$$\ln R\hat{G}_t = 21.288 + 0.994(\ln RG_{t-1} - 21.288)$$
$$= 0.128 + 0.994\ln RG_{t-1}\ (T = 1.0817\ 131.9714) \tag{6-4}$$
$$R^2 = 0.998280,\quad S.E. = 0.03697,\quad F = 17416.45$$

模型的拟合优度比较高；$F_{0.05}(1,\ 33) = 4.15$，两者的 F 值均大于 F 统计量的临界值；给定显著性水平 0.05，$t_{0.025}(33) \approx 2.04$，两者的参数 t 值远大于 t 的临界值；$S.E.$（标准差）分别为 0.059613 和 0.03697，说明模型式（6-3）和式（6-4）总体不仅通过了经济意义检验，还通过了统计准则检验，说明两个模型都是显著的。

式（6-3）和式（6-4）表明，本期能源消费量与上期能源消费量的相关系

数约为 1.0371，而本期实际 GDP 和上期实际 GDP 的相关系数约为 0.994。为了确保实际 GDP 的年递增系数 0.994 的实现，能源消费量的年递增系数必须达到 1.0371。它同时也表明，云南省的经济增长还比较粗放，能源消费的增长率高于比 RG 的增长率。

6.5.2 碳排放量递增的稳定性分析

采用碳排放量（用字母 D 表示）时间数列数据，构建 AR（autocorrelation model）模型，以分析云南省碳排放量的快速增长趋势，进而分析碳锁定的稳定性。

采用 Eviews 6.0 的软件，对于 1990~2013 年的 $\ln D_t$ 序列通过自相关图中 AC 函数的 φ_k 和 PAC 函数的偏自相关系数 v_i 的变化检验其相关性。取滞后期为 12，PAC 函数的偏自相关系数 $v_1 = 0.891$，$v_2 = -0.123$ 即第一期后出现突然衰减现象；而 AC 函数的 $\varphi_1 = 0.891$，$\varphi_2 = 0.770$，…，$\varphi_{11} = -0.208$，$\varphi_{12} = -0.276$，呈现逐渐衰减趋势，说明适合建立一阶自相关模型，见式（6-5）。

$$\ln D_t = 0.014 + 1.006\ln D_{t-1} \qquad (6\text{-}5)$$
$$R^2 = 0.986031, \quad S.E. = 0.069107, \quad F = 1482.337$$

下面对其进行检验：

（1）经济意义检验：$\ln D_t$ 序列的回归系数估计值 $\hat{b} = 1.006 > 0$，其实质是 $\ln D_t$ 和 $\ln D_{t-1}$ 的相关系数，表明自 1990 年以来 $\ln D_t$ 序列呈现正增长趋势；

（2）拟合优度检验：$\overline{R^2} = 0.986031$，说明用该模型解释 $\ln D_t$ 递增趋势的解释能力为 98.78%；

（3）总体显著性检验和回归系数的显著性检验：$F = 1482.337 > F_{0.05}(1.25) = 4.24$，$|t(\hat{b})| = 38.50 > t_{0.025}(25) = 1.7081$，说明在 5% 的显著性水平上，$\ln D_{t-1}$ 对 $\ln D_t$ 的总体影响和个体影响都是显著的。

式（6-5）通过了经济学意义、统计准则、计量经济学的序列相关性，表明云南省碳排放量具有较快速的正增长趋势。

6.5.3 2014 年能源消费碳排放量的预测值

能源消费产生的碳排放量和水泥生产过程碳酸盐分解的碳排放量具有较大的差异性，故需要将其分开来预测（见表 6-7）。

表 6-7 能源消费量及其二氧化碳排放量的预测值

年份	RG_t	$\ln RG_t$	$\ln E_t$	$\ln E_{yt}$	$Y_{et}/\times10^4\mathrm{t}$	$W_t/\%$	$D_{1yt}/\times10^4\mathrm{t}$	$E_t/\times10^4\mathrm{t}$	$\Phi_{1t}/\%$
1978	69.05	4.2348	6.9716				0	1065.90	
1979	71.20	4.2655	6.9775			15.1		1072.20	

年份	RG_t	$\ln RG_t$	$\ln E_t$	$\ln E_{yt}$	$Y_{et}/\times10^4\,t$	$W_t/\%$	$D_{1yt}/\times10^4\,t$	$E_t/\times10^4\,t$	$\Phi_{1t}/\%$
1980	77.25	4.3470	6.8523	6.9031	995.38	18.3	2027.36	946.10	5.21
1981	83.27	4.4221	6.8548	6.8332	928.15	19.6	1860.37	948.40	−2.13
1982	96.17	4.5661	6.9281	6.8790	971.62	17.1	2008.05	1020.60	−4.80
1983	104.25	4.6468	6.9982	6.9928	1088.76	14.7	2315.27	1094.70	−0.54
1984	119.37	4.7823	7.1118	7.0501	1153.01	16.3	2405.92	1226.30	−5.98
1985	134.89	4.9044	7.1688	7.1795	1312.30	17.5	2699.03	1298.33	1.08
1986	140.68	4.9465	7.2436	7.2399	1393.91	17.8	2856.46	1399.07	−0.37
1987	157.98	5.0625	7.3351	7.2896	1464.94	15.9	3071.41	1533.22	−4.45
1988	183.26	5.2109	7.3917	7.3977	1632.16	14.3	3487.10	1622.52	0.59
1989	193.89	5.2673	7.4424	7.4770	1767.00	16.4	3682.69	1706.87	3.52
1990	210.75	5.3507	7.5777	7.5096	1825.40	18.3	3717.93	1954.18	−6.59
1991	224.66	5.4146	7.5817	7.6400	2079.65	21.7	4059.53	1961.92	6.00
1992	249.15	5.5181	7.6092	7.6347	2068.77	19.9	4131.12	2016.61	2.59
1993	276.82	5.6234	7.6448	7.6939	2194.94	19.3	4415.90	2089.80	5.03
1994	310.59	5.7385	7.7332	7.7497	2320.96	23.8	4409.04	2282.80	1.67
1995	346.93	5.8491	7.8787	7.8512	2568.90	24.8	4816.00	2640.55	−2.71
1996	385.44	5.9544	7.9443	7.9861	2939.84	26.1	5416.15	2819.43	4.27
1997	422.83	6.0470	8.1400	8.0438	3114.54	20.6	6165.06	3428.98	−9.17
1998	457.08	6.1249	8.1210	8.2168	3702.73	20.41	7346.88	3364.49	10.05
1999	490.45	6.1953	8.0980	8.1871	3594.16	22.72	6924.47	3287.97	9.31
2000	527.23	6.2676	8.1514	8.1916	3610.38	25.39	6715.41	3468.33	4.10
2001	563.08	6.3334	8.2271	8.2611	3870.16	22.57	7470.69	3741.03	3.45
2002	613.76	6.4196	8.3263	8.3316	4153.02	23.7	7899.71	4131.31	0.53
2003	667.78	6.5040	8.4007	8.4279	4572.85	22.01	8890.95	4449.97	2.76
2004	743.24	6.6110	8.5583	8.4954	4892.28	20.16	9737.65	5209.81	−6.09
2005	809.39	6.6963	8.7035	8.6461	5687.91	21.11	11186.57	6023.97	−5.58
2006	903.28	6.8060	8.7979	8.7577	6359.70	17.62	13061.13	6620.57	−3.94
2007	1013.48	6.9211	8.8724	8.8454	6942.23	17.93	14203.84	7132.63	−2.67
2008	1120.91	7.0219	8.9241	8.9243	7512.45	23.79	14273.01	7510.82	0.02
2009	1256.55	7.1361	8.9912	8.9807	7947.96	21.22	15609.68	8032.06	−1.05

年份	RG_t	$\ln RG_t$	$\ln E_t$	$\ln E_{yt}$	$Y_{et}/\times 10^4 t$	$W_t/\%$	$D_{1yt}/\times 10^4 t$	$E_t/\times 10^4 t$	$\Phi_{1t}/\%$
2010	1411.11	7.2521	9.0681	9.0624	8624.47	23.98	16344.91	8674.17	−0.57
2011	1604.43	7.3805	9.1633	9.1478	9394.06	27.72	16927.54	9540.28	−1.53
2012	1813.01	7.5027	9.2528	9.2519	10424.13	29.87	18224.93	10433.68	−0.09
2013	2032.38	7.6170	9.3341	9.3431	11419.67	32.82	19125.64	11316.95	0.91
2014	2184.81	7.6893	9.4259	9.4259	12405.74	34.32	20313.19	12405.74	

注：E_t、E_{yt}的单位是万吨；RG_t 的单位为亿元。

设第 t 年的碳排放量目标值为 D_t 万吨，分解为化石能源消费和水泥生产的碳排放量目标值 D_{1t} 和 D_{2t}；设实际 gdp 为 RG_t（real GDP）（单位：亿元），能源消费量和预测值分别为 E_t 和 E_{yt}（单位：万吨）。

通过建立时间序列 gdp 和能源消费量 E 的 VAR 模型来计算能源消费量的预测值（见式（6-6））。

$$\ln E_{yt} = 0.8134\ln E_{t-1} - 0.1795\ln E_{t-2} + 0.4662\ln RG_{t-1} -$$
$$0.1674\ln RG_{t-2} + 1.1994 \tag{6-6}$$

式中，E_t 为能源实际消费量，万吨；W_t 为一次电占比，%；E_{yt} 为能源消费量预测值，万吨；Φ_{1t} 为能源消费量预测值的误差，%。设 2014 年后每年一次电占能源消费量的比值平均递增 1.5%，即：

$$W_{2013} = 32.82\%$$
$$W_{2014} = 32.82\% + 1.5\% = 34.32\%$$
$$W_{2015} = 34.32\% + 1.5\% = 35.82\%$$

以此类推：$D_{1yt}X$ 和 Φ_{1t} 的计算式见式（6-7）和式（6-8）。其中，D_{1yt} 设第 t 年的碳排放量目标值。

$$D_{1yt} = 2.493 \times E_{yt} \times (1 - w_t) \tag{6-7}$$
$$\phi_{1t} = \frac{(E_{yt} - E_t) \times 100}{E_t} \tag{6-8}$$

1979~2013 年的能源消费量的实际和预测值（见表 6-7）。

式（6-6）的能源消耗量的预测值的误差多数在 5% 以内，说明该模型通过了经济意义、误差的检验。2014 年云南省能源消费的碳排放量预测值是20313.19 万吨。

6.5.4　2014 年水泥生产碳酸盐分解的碳排放量 D_{2yt}

表 6-8 表明，2006~2013 年期间，本年度比上一年度水泥产量递增的比值最低为 7.94（2007 年恰逢世界金融危机时期），最高为 25.78%。"中商情报网"

预测 2014 年水泥产量比 2013 年递增 4.2%～8.3%❶，2014 年 1～8 月西南地区水泥产量比 2013 年递增 8.88%（陈柏林，2014 年）[127]。2013 年云南省水泥产量为 9009.16 万吨，设 2014 年比 2013 年递增 8%，则 2014 年水泥产量和生产过程中碳酸盐分解产生的二氧化碳分别为 9729.89 万吨和 5127.6 万吨。

表 6-8　2006～2013 年期间水泥产量比上年递增的比值　　　（%）

年份	2006	2007	2008	2009	2010	2011	2012	2013
递增	16.71	7.94	12.43	25.78	14.66	17.33	14.8	15.6

6.5.5　2014 年的碳排放量目标值与预测值的比较

D_{yt} 来源于两部分，一是化石能源消费释放的二氧化碳，二是水泥生产过程中碳酸盐分解释放的二氧化碳，2014 年云南省碳排放量的预测值为 25440.79 万吨（见式（6-9））。

$$D_{y2014} = D_{1y2014} + D_{2y2014} = 20313.19 + 5127.6 = 25440.79 \qquad (6-9)$$

云南省 2014 年的碳排放量目标值约为 22006.28 万吨。两者比较发现，2014 年云南省碳排放量预测值将超出碳排放量目标值约 3400 万吨二氧化碳。式（6-3）和式（6-5）表明，云南省碳排放量的递增趋势十分明显且稳定，如果政府缺乏足够的改革的决心，很难打破这一递增趋势。

可见，建立科学的具有可操作性的总量控制的碳交易机制是云南省政府实现碳均衡目标的必然选择。

6.6　本章小结

本章在分析均衡理论的基础上，界定了云南省碳均衡目标的性质，即为总体碳均衡目标、中长期碳均衡目标。碳强度目标的弊端主要是碳排放量递增速率较快，以至于超出了生态系统的碳承载力，进而导致了区域碳超载量和碳锁定的出现。生态系统碳承载力的预测值是实现短期碳均衡目标的必然选择，根据碳承载力的预测值，云南省 2014 年碳排放量目标值约为 22006.28 万吨，它比碳排放量预测值约低了 3400 万吨。

❶ 2014 年中国水泥行业市场供求趋势预测分析. 商品混凝土，2014，(3)：12。

7 云南省碳均衡目标实现机制

7.1 碳排放总量目标机制是中国低碳经济发展的必然选择

7.1.1 中国行政减排机制简介

我国碳减排的行政管理机制属于强制机制的范畴。强制机制是指政府根据总体的减排目标，在既定时期内设置允许排放上限，并且强制要求碳排放主体在生产过程中不允许超过此限额。与强制机制对应的有奖励机制和罚款机制。罚款机制既可直接向超限排放的主体征收罚款，又可通过碳税来间接罚款。其区别在于罚款的方式不同，前者是显性的罚款方式，后者是隐性的罚款方式。总体来说，直接罚款和间接的碳税罚款区别不大。

我国目前的碳减排机制以行政管理机制为主。中国政府现行的减排机制是2020 年单位 GDP 碳强度目标比 2005 年下降 40%~45%。单位 GDP 的 CO_2 排放强度是指当年能源消费的 CO_2 排放总量与 GDP 的比值[128]，该机制的缺点是：

（1）是与 GDP 挂钩的指标，而 GDP 有名义和实际之分。由于未做严格的规定，地方政府在核算碳强度目标完成情况时，通常会选择名义 GDP，该选择降低了碳强度目标的难度。另外，碳强度目标一定程度上也激励地方政府在统计时夸大 GDP 的数字。

（2）仅仅计算了能源消费的 CO_2 排放总量，未把水泥生产过程中碳酸盐分解的碳排放量纳入进来。以云南省为例，水泥生产的碳排放量与能源消费的碳排放量的比值约为 1:4。

（3）碳强度目标的考核以我国国民经济发展规划时期为周期，即五年考核一次，而不是分解到逐年来考核。这种考核机制容易造成碳排放强度不是持续稳定地下降，而是呈现先高后低，在考核节点时间达到上级政府要求就算完成了碳强度目标[60]。结果当地政府在考核周期结束那一年，限制企业用电，出现了拉闸限电的确保碳强度目标完成的不可持续的现象。

（4）不能直接交易这一现状不利于充分调动组织、个体减排的积极性，也不利于调动组织、个体提高碳承载力的积极性。

以森林覆盖率相对较高的、水电资源相对丰富的云南省为例，碳强度目标与陆地生态系统结构、功能无关，但与能源消费总量水电占比密切相关。虽然云南省已经提前完成了"十三五"碳强度目标，但是云南省于 2012 年开始出现碳超载现象，2012 年、2013 年的碳超载率分别为 3.99% 和 6.56%。根据上一章的预测结果，2014 年的碳超载率将达到 13% 左右。

可见，碳减排的行政管理机制既不能实现碳排放总量控制目标，又不能激励森林、农田、果园管理者提升子系统碳承载力。

7.1.2　发达国家的总量控制与交易机制

为了应对气候变化，自 1970 年起，经济发达国家便开始了总量控制与交易（cap-and-trade，简称 C-A-T）机制的研究。总体思路是：先分配污染排放总量，再给每个企业分发排放配额，最后建立统一的排放交易系统。由于技术水平、监管方式的局限，交易系统难以涵盖所有的行业，可能将一些颇具潜力的减排企业和项目遗漏。为了提高经济效率，同时扩大交易机制的辐射范围，众多总量控制和交易机制选择引入碳补偿（carbon offsetting）制度作为实施总量控制与交易制度的灵活制度。

碳补偿（carbon offsets）又称为碳中和（carbon neutral，or carbon neutrality）。Carbonneutral 于 2006 年收录到《新牛津英语词典》，并评为 2006 年度词汇；carbon neutral 正式收录到 2007 年版的《新牛津英语字典》中。碳补偿是碳排放主体通过向他人购买补偿信用（offset credits）或碳权以抵消自身生产或生活过程中的排放行为；英国标准协会（BSI）的碳中和标准（PAS 2060）指出"碳中和是指一标的物相关的温室气体排放，并未造成全球排放到大气中的温室气体产生净增加量"。虽然碳补偿和碳中和是近义词，但是碳中和侧重于碳排放总量目标的实现，而碳补偿倾向于实现目标的经费的补偿。

可见，总量控制与交易通过市场手段刺激企业、事业组织和政府机关，通过技术创新以达到控制排放配额递减和 GDP 递增的双重目标。碳补偿则是通过稀缺碳排放权的交易而帮助组织完成排放配额目标。碳排放者称为碳补偿的需求方，有能力中和碳的企业、事业组织或政府机关称为碳补偿的供给方。供给方通过市场交易获得的收益有利于激励其进一步的碳减排技术创新、制度创新等行为。

从长远看，碳补偿不仅有助于控制碳排放总量和提高生态系统碳汇能力或碳承载力，而且是碳交易机制的补充机制。

7.2　云南省碳均衡目标实现机制的主要内容

7.2.1　云南省碳均衡目标实现机制的主要内容

云南省碳均衡目标实现机制的主要内容包括以下三个方面：

（1）从与 GDP 挂钩的相对减排目标实现机制向总量控制目标机制改革。根

据碳承载力的预测值设置云南省碳排放量的目标值。以 2014 年为例，云南省陆地生态系统碳承载力约为 22006.28 万吨二氧化碳，根据碳均衡目标的要求，云南省同年化石能源消费和水泥生产过程中碳酸盐分解产生的碳排放量目标值就应该设置在 22000 万吨二氧化碳。

（2）从单一的碳减排行政管理机制向碳减排和碳承载力提升的统一机制改变。

为了确保碳均衡目标的实现，市场交易机制需要在四个方面同时下工夫。

第一，该机制要能激励政府确保森林、水田的面积不减少，尽可能增加；

第二，该机制要能激励森林、农田、果园拥有者不断提高其 NEP。王秋凤等（2015 年）研究得到的 NEP 和 NPP 的关系表明，2000~2010 年中国陆地生态系统 NEP 约为 NPP 的 48.58%[31]。即提高生态系统植被的 NPP 能促进 NEP 的提高。

第三，水田子系统具有最高的 NEP，该机制要能促进地方政府和居民改善水利设施，实施旱地的改造工程。最为主要的是，该机制要能激励企事业单位的管理者制定能激励员工节能减排的日常管理制度，和技术工作者创新节能技术的奖励制度。

第四，碳交易机制能激励低碳能源生产者生产更多的低碳甚至无碳能源，并且能交易成功。

（3）从不能上市交易的行政管理机制向能够上市交易的市场机制转变。

行政管理机制不能有效激励各地基层政府和居民，自发提高碳承载力的积极性，也不能很好地激励企事业单位和居民自发地研发能源节约技术，以更好地实现能源节约和碳减排。

7.2.2 碳均衡目标机制的实质和分解

云南省碳均衡目标机制的分解见图 7-1。

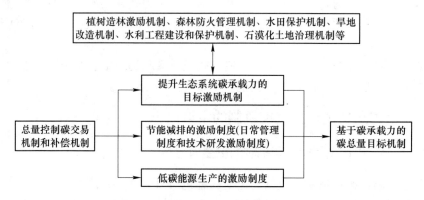

图 7-1　云南省碳均衡目标机制的分解

将总量控制碳交易和碳补偿制度作为碳均衡目标实现的重点。云南省碳均衡目标实现机制实质是基于碳承载力预测值的碳总量目标制定和实现机制。将其分解，实质是提升生态系统碳承载力的机制、节能减排的激励制度、低碳能源生产的激励制度等。其中，提升碳承载力机制又可分解为植树造林激励制度、森林防火管理机制、水田保护机制等，它们都与总量控制碳交易机制和补偿机制有关。

（1）云南省以某一年度（前面分析中为 2013 年）为基准年，预测下一年度（2014 年）的生态系统的碳承载力，以此值为依据设置下一年度的区域碳排放量。以此类推，2015 年的碳承载力预测值等于该年的碳排放量目标值。

（2）如何实现区域碳排放量目标？

其一是建立提升生态系统碳承载力的目标激励机制，它能确保生态系统碳承载力不下降的前提下有一定限度的提升，有利于缓解碳减排目标的压力；

其二是建立企事业单位节能减排的激励制度。通常，它至少包含三个方面的内容：

1）通过制定日常管理制度以激励生产者节能。

2）制定节能减排技术的激励制度，激励生产者研发新技术以从根本上节能。

3）激励低碳能源生产者生产更多的低碳甚至是无碳的能源。

（3）建立碳排放量限额的碳交易制度。无论是提升生态系统碳承载力的目标激励机制，还是节能减排的激励制度或低碳能源的生产制度，都需要以碳交易为基础的碳补偿制度为依托才能更好地实现。

可见，碳均衡目标实现机制的核心是"建立碳排放总量限额的碳交易和补偿机制"。激励是持续地激发人的动机和内在动力，使其心理过程始终保持在激奋的状态中，鼓励人朝着所期望的目标采取行动的心理过程。相对来说，碳排放总量限额的碳交易和补偿机制比节能减排的行政管理机制更能激励人产生提升碳承载力、节能减排、低碳能源交易成功的行为的发生。

7.3　碳交易和补偿机制的分类和发展

7.3.1　基线信用机制

基线信用机制（creditandbaseline）是监管者（一般为政府）在一定时期（一般是自然年）的期初为被监管的企业设定一个排放基线，期末由独立第三方测算其实际排放强度。若低于基线，则企业可获得与差额相等的可用于出售的信用配额；若高于基线，则需要从市场购买相当于差额的配额抵偿。该机制又称为指标交易机制，即一个污染源的实际排污水平低于许可污染排放水平，且经过环保部门认可，即产生永久性能在市场上交易的排污削减指标。

7.3.2 总量交易机制

总量交易机制（cap and trade）在实践中运用得最多，全球规模最大的欧盟碳排放交易市场体系（EU ETS）是该机制的典型代表。监管者先选择被管制的企业，制定一段时期的碳排放总量，确定相应的排放配额，在该时期结束后要求企业向监管者提交与其碳排放量等额的配额，即总量交易机制下的碳排放权。碳排放权在初期一般采用"免费为主、有偿为辅"的原则下发给企业，如 EU ETS 规定其实施的第一阶段（2005～2007 年）中免费排放权比例为 95%，有偿为 5%，之后逐步减少免费排放权。若被管制企业在该时期的排放量少于拥有的排放权，可以在市场出售并获利；若排放量超过排放权，则需要在市场上购买相应的差额以弥补超额排放量。

"碳排放权"这种稀缺商品能够通过市场"这只无形的手"实现交易，促进资源优化配置和企业提高能源利用效率，减少碳排放。目前，欧盟在 2005 年 1 月 1 日启动的碳排放交易计划（ETS, Emissions Trading Scheme，也被称为 Emissions Trading System）是目前世界上最大的碳排放交易体系，这一交易体系就是一种典型的总量控制和排放权交易机制。

7.3.2.1 欧盟碳排放权分配机制

欧盟 ETS 的碳排放权分配程序包括两步。

第一步，制定国家分配方案（NAP）的总量控制。欧盟规定，在每一个交易阶段开始之前，每个成员国应将本国的排放控制总量及各排放实体分配的排放配额，以国家分配方案的形式报给欧盟排放交易委员会，由该委员会进行总量控制。

第二步，国家碳排放配额的国内再分配。各国确定所有可能参加碳排放权交易的产业和企业名单，将排放配额总量分配给所有参与排放权交易的产业，然后确定各产业内的企业可能分配到的排放配额。

7.3.2.2 欧盟碳排放交易覆盖范围

在欧盟 ETS 第一阶段（2005～2007 年），碳排放交易覆盖能源、热能行业，以及某些高能耗行业（例如炼油厂和热电厂）等二氧化碳排放大户。

在欧盟 ETS 的第二阶段（2008～2012 年），欧盟收紧排放总量，将更多的排放企业纳入交易计划。

7.3.2.3 欧盟碳排放权分配标准

通常按照两种原则之一来分配碳排放权。

一是历史排放原则（grandfathering）来分配。基于历史排放分配是指预先确定行业或企业的历史排放基准，以此来分配配额。分配可以采用协商或者公示的方式进行。基于历史排放分配的交易成本较低，并且有利于保持代际分配的一致性，但是，基于历史排放分配倾向于维持排放现状，客观上让污染严重的企业获得了更多的排放配额。历史排放原则对新建企业可能不公平。

其二是按照最新数据来分配。美国采用的就是基于历史排放方法来分配碳排放权，而欧盟 ETS 则是根据当期排放量来分配排放权。碳排放权本属于公共资源，但被政府掌握，如果监督不到位容易滋生腐败，造成分配不公。

7.3.2.4 免费发放和拍卖相结合的碳排放权配额的分配方式

在分配方式上，欧盟 ETS 的碳排放配额分配采用了免费发放和拍卖相结合的方式。

第一阶段，ETS 按照企业现实排放量免费发放 95% 的排放配额，而通过拍卖发放的排放权不超过总量的 5%。在 ETS 的第一阶段，只有丹麦、匈牙利、立陶宛和爱尔兰四个国家采用了拍卖方式，拍卖的排放配额数量也很少，分别占其全部分配量的 5%、2.5%、1.5% 和 0.75%。免费发放碳排放权会带来一些问题。比如，企业为了多获得碳排放权而夸大其当期排放量，而各成员国政府为了保护本国企业的利益默许了这种夸大或不诚实的行为，从而导致了排放配额的过量发放，使得碳排放配额的价格过低，降低了企业的减排动力。其次，免费发放碳排放配额对不同市场结构下的企业的公平性并不一样。ETS 的引入增加了产品的边际成本，而垄断企业的定价往往是在边际成本基础上加上一定的利润加成。因此，具有垄断势力的企业反而会由此获得"额外利润"。Carbon trust 公司曾估计，在 ETS 第二阶段的 5 年间，英国的能源产业有望获得 60 亿～100 亿欧元的"额外利润"，西班牙的能源部门也能获得 10 亿～30 亿欧元。但是，处于垄断竞争市场结构中的水泥、化工等行业需要自己承担成本上升，而不是将成本转嫁给下游客户。

第二阶段，ETS 用于拍卖的排放配额也不超过 10%。对整个欧盟 ETS 而言，在平均每年分配的 22 亿 EUA（European Union Allowances，即欧盟排放配额）中，仅有约 0.13% 是通过拍卖方式来分配的。采用拍卖方式，政府可将拍卖收入用于补贴消费者，或给企业或消费者减税，推动清洁能源技术的创新，提高清洁能源的使用比例。

虽然经济学家普遍推荐通过拍卖方式来分配碳排放配额，但是，这一方式几乎遭到所有企业的一致反对。因此，免费发放和拍卖相结合的方式只不过是一种短期的折中选择，未来加大拍卖方式分配的碳排放配额比例将是必然趋势。

7.3.4　自愿碳补偿机制和强制碳补偿机制

　　"碳补偿"是指企业、个人或者政府通过购买在异地完成的碳减排额，以补偿或抵消购买者自身在生产或消费过程中产生的碳排放量的一种有利于碳均衡目标实现的机制。"异地"是《京都议定书》规定的发达国家以外的区域，具有一定的灵活性，实质是完成碳排放配额更容易的区域。

　　碳补偿机制是确保企业、事业单位实现"有明确定额、法律上具有强制意义"的碳定额目标的补充机制。若某企业不能自主完成区域分配的碳排放配额，则可以通过市场交易来完成。由碳补偿购买者和供给者之间形成的各种经济关系（包括交易价格、交易形式等）就组成了碳补偿市场。企业可以购买碳补偿来部分或全部中和其碳排放定额。从补偿动机看，企事业组织或个体的碳补偿行为可分为强制碳补偿和自愿碳补偿（见图7-2）。

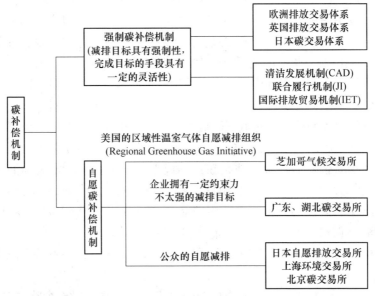

图7-2　碳补偿机制的分类及举例

　　强制碳补偿机制是确保比较严格的、科学的碳排放总量目标得以实现的、约定碳补偿的需求方、供给方以及监督方履行责权利的机制。目前，碳排放总量目标的主要制定者是《京都议定书》"附件一"中约定的发达国家及其相关的工商事业组织。相应的补偿机制有：国际排放贸易机制（International Emission Trade，IET）、联合履行机制（Joint Implication，JI）、清洁发展机制（Clean Development Mechanism，CDM）三种类型。我国是《京都议定书》下的CDM机制的碳补偿供给方。

自愿碳补偿机制是约定自愿进行碳补偿的需求方、供给方以及监督方履行责权利的机制。成立于 2003 年的芝加哥碳交易所（CCX）一度被专家、学者视为市场驱动解决气候变化问题的自愿碳补偿的典范，而现在已经成为美国政府解决全球气候问题无所作为的证据。机制的主要内容是：约 400 家企业、政府机构参与，企业中有福特、杜邦等世界 500 强的组织，政府有新墨西哥州和波特兰市部门；所有成员做出了具有法律约束力的减排目标承诺；对于那些超额完成减排目标的组织，它们不仅可以在未来拥有更多的配额，而且其剩余的配额可以出售或储存；对于那些未能完成承诺的减排目标的组织，则需要购买配额来抵消自身的碳排放。CCX 将一个碳金融工具定义为 100t 的二氧化碳当量，2008 年高峰期个碳金融工具的价格达到 7.4 美元，而 2010 年倒闭前的价格仅仅为 10 美分。

7.4　我国碳交易制度存在的主要问题

2011 年以来，我国碳交易试点地区相继出台了地方性法律规范，涉及总量控制与配额交易制度，但各地政府和交易市场关于碳排放总量控制还存在较大的差异。

总量控制是《京都议定书》提出的控制碳排放以实现到 21 世纪末气温升高幅度控制在 2℃ 以内的重要制度。欧盟在 2003/87/EC 指令和 2009/29/EC 指令的基础上，针对碳交易形成了一套完善的法律体系。欧盟于 2003 年批准了 Directive 2003/87/EC，建立了世界上第一个具有公法约束力的温室气体总量控制的排放权交易机制。该交易机制采用的是总量管制和排放权交易相结合的运行模式。欧盟每个成员国每年先预定二氧化碳的可能排放量（与京都议定书规定的减排标准相一致），然后政府根据总排放量向各企业分发 EUA 配额，每个配额允许企业排放 1t 的 CO_2。如果企业在期限内没有使用完其配额，则可以出售多余配额获利。一旦企业的排放量超出分配的配额，就必须通过碳交易所购买配额。

7.4.1　碳排放总量目标的制定和初始分配权的缺失

我国关于"碳"的界定未达成一致，碳强度目标以化石能源消费的 CO_2 为主；CDM 项目涉及的"碳"是温室气体的简称。各交易所交易的"碳"的内涵也不同。我国现在实行的碳强度目标行政管理机制，对碳排放量没有上线的限制，而且是自愿减排目标机制。按照分配定额的历史排放原则，现在的碳排放量将很可能是日后实行总量管制目标机制时的配额。企业管理层担心如果现在减排过多，则不利于日后真正实施总量管制目标机制时的配额分配。政府相关部门、工作人员是碳排放总量目标的决策者、分配者，他们可能因为利益驱动而出现寻租行为，造成碳排放总量目标的制定不合理，通常可能表现为偏高；初始分配权的不公平，影响了部分企业的利益。

7.4.2　碳排放权界定不清

产权界定不清是碳交易的根源所在。经济学家阿尔钦把"产权"定义为一种通过社会强制而实现的对其中经济物品多种用途进行选择的权利，更多情况下是以一种制度的形式存在。产权制度可以确定每个社会成员相对于稀缺资源使用时的地位和形成的社会经济关系。

产权有私有产权和公有产权之分。私有产权明确规定事物的产权归个人所有，而公有产权则不是十分明确。环境资源由于对资源保护和利用的权利、义务关系不对称，会导致产权失灵，进而使得环境资源的利用效率低下、环境状况不断恶化。其原因在于环境资源的公有产权性，由于公有产权的"所有者缺位"，所有者的行为基本上都为外部性，与环保目标的效率不成正比，而且集体行动的参与者都有"搭便车"的倾向：设法减少分摊在自己头上的行动成本，而让其他参与者来多负担成本，因此完善产权制度，刻不容缓。可见，碳排放权的权利属性的复杂性导致了碳交易规则的设计困难，并导致总量控制与配额交易、核证减排量交易相混淆。

7.4.3　管理体系不够完善

如何设计一定的组织体系和制度是碳交易的保障。法律上需要明确总量控制的法律地位和国家层面建立碳排放管理体系。国外，通常通过立法形式明确管理机构与管理主体的责权利，并引入有资质的第三方机构监督管理主体的工作职责、效率等。澳大利亚新南威尔士和美国加州，通过立法明确规定了监管主体的组织形式、职责和利益，对组织效率进行评估。欧盟排放交易体系建立了独立的欧盟中央管理处（The EU Central Administrator），以对欧盟成员各国的国家配额计划进行审批，并运用欧盟独立交易系统（Community Independent Transaction Log）对二氧化碳交易进行监测和管理，对系统运作成效进行评估。

在监管机制上，欧盟碳排放交易机制采取了集中和分权相统一的管理模式。EU-ETS因覆盖27个经济水平、政治体制和产业结构差异较大的主权国家，欧盟碳排放权交易机制没有直接指定成员国的排放权监管机构，仅仅对监管机构的权利、义务和职责做了原则性的规定，成员国可以拥有一定灵活性的自主权，根据本国国情设计监管机制。欧盟委员会通过发布多项关于排放交易的指令，为欧盟碳排放权交易机制奠定了法律基础，确定了各成员国实施排放交易时应当遵循的共同标准，建立相对完善的协调机制，较好地处理了集权与分权管理模式的弊端。

各地发展和改革委员会是我国碳排放交易试点地区的主管部门，目前第三方监管机构还多处于缺乏状态。各地发展和改革委员会负责制定碳排放目标、选择交易覆盖企业范围、碳排放权分配标准的选择、配额的分配等工作，自己监督自己。

7.5 建立云南省碳均衡目标的市场交易机制

图 7-2 表明，碳补偿机制是总量控制碳市场交易机制的补充，是实现资源优化配置的一种灵活机制。云南省是《京都议定书》碳补偿的供给方，积累了一定的经验。所以，本项目认为云南省碳均衡目标机制以市场交易机制为主，辅以云南省内部 CDM 机制和个人、组织资源碳补偿机制（见图 7-3）。通过该组合机制来实现碳均衡目标。

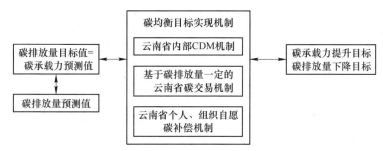

图 7-3 云南省碳均衡目标实现组合机制

7.5.1 加快明确碳排放权的产权性质

学界对于碳排放权尚无一个明确、统一的定义。碳排放权与排污权相似，而排污权是权利人依法享有对基于环境自净能力产生的环境容量进行使用、收益的权利。排污权交易实质是环境容量使用权交易，是经济手段在环境保护上的应用。环境容量指某环境区域内对人类活动造成影响的最大容纳量，其使用权是从社会层面提出的，是自然产生的权利，属宏观范畴，具有典型的公共物品属性，不具有明确的产权特征；用益物权是在政府分配国家所拥有环境容量后，企业对该环境容量进行的管理，是一种政府授予的许可，属微观范畴。

排污权以排污许可证形式存在，"许可"是"政府对环境治理的公权力"对"排污主体享有环境容量私权利"的干预和监督，是带有公权力色彩的私权利，体现公权力和私权利的共生[129]。

碳排放权与排污权具有同样的性质，是政府治理环境的公权力特许持有主体享有碳排放的权利，而限制其他企业在同一时刻从事该活动的能力[130]和表现为排放一定数量碳的权利[131]。可见，碳排放权是一项法定权利，它有别于应然状态下的人权，是国家在保障人类基本生存需要的排污行为基础上，对有限的大气 CO_2 容量资源的国家许可和市场交易的权利。因此，它是权利主体为了生存和发

展的需要，由法律所赋予的向大气排放温室气体的权利，这种权利实质上是权利主体获取的一定数量的气候环境资源使用权[132]。

碳排放权既是气候环境资源使用权，又是发展权。气候变化既是环境问题，又是发展问题，但归根到底是发展问题。它关系到区域经济发展，关系到居民幸福指数。基于碳承载力的碳排放总量目标制定、碳排放权的分配，能满足区域人类可持续发展的需要。韩国森林的 NEP 达到了 $2.86×10^4tC/(hm^2·a)$，云南省紧邻亚洲热带，其森林、灌木林、水田 NEP 都有较大的提升空间。

韩国的地形与云南省类似，是一个多山国家，丘陵和山区约占国土面积的70%，东部以山地丘陵为主，平原分布在西部和沿海地区，主要河流有汉江、洛东江、锦江和蟾津江，全部流向西部和南部入海。1910～1945 年韩国被日本占领，由于战火和过度砍伐导致森林面积急剧减少，森林质量严重退化。1952 年森林覆盖率降到 32%，平均每公顷森林蓄积量下降到不足 $10m^3$。第二次世界大战后，在总统朴正熙倡导下，迅速开展全民绿化运动。1953 年和 1957 年治理山地侵蚀计划，1956 年和 1969 年的民有林造林计划，1959 年和 1965 年的薪炭林造林计划，1968 年的特种用途树种发展计划。1960 年利用世行贷款营造了大面积速生薪炭林，以槐树为主。槐树林现已发展为蜜源林，为韩国提供了 70% 的蜂蜜。尤其是 1967 年到 1972 年韩国政府开始组织大规模人工造林，开展了"国土绿化，培育资源"运动，到 1972 年共造人工林 164.9 万公顷，是历史上人工造林面积最大的 10 年。

2013 年云南省荒山草坡地面积约为 224.6 万公顷。根据韩国的经验和云南省森林破坏的历史，云南省森林面积有一定的提升潜力。

7.5.2 基于碳承载力预测值制定碳排放总量的目标值

碳排放权是政府治理环境的公权力特许持有主体享有的一定质量碳的排放的权利。区域碳排放总质量取决于生态系统碳承载力。根据生态系统碳承载力等于区域碳排放总量设定该区域的碳排放权，具有以下优点：

第一，生态系统承载力是生态学的第一戒律，该制度以特定地区的生态系统对碳排放的承载力为上限，控制该地区一定期限内的碳排放总量，并能逐渐降低碳排放的总量。它是绝对目标，与国家现在发展低碳经济采用的碳强度目标有很大的区别。因此，将区域碳排放量设置为碳承载力有利于控制气候变化，符合人类可持续发展度量和管理的需要。

我国试点地区的碳交易目标多属于相对量目标。深圳"可调整的"总量控制体系的实质相对量目标。我国目前各试点省市碳排放量目标的设置基本按照各地能源消费总量目标、碳强度减排目标、GDP 增速这三方面的参数共同设定。试点省市对碳抵消都做了规定，差别在于允许的抵消比例有所不同：深圳市和广东为10%，上海允许5%。严格的碳抵消规定有利于实现总量控制目标，特别是减少本地的排放。

云南省的森林覆盖率在全国排行第三位，一次能源消费比值也位居国家前列，农业大省一定程度上也提高了云南省陆地生态系统碳承载力，以上为根据碳承载力的预测值确定碳排放总量的目标值打下了坚实的基础。以2014年为例，云南省生态系统的碳承载力约为22006.28万吨二氧化碳，则同年云南省的碳排放总量目标为22006.28万吨二氧化碳。碳排放总量目标具有一定的可变性，即碳排放总量目标随云南省生态系统碳承载力的递增而递增，促进云南省政府提升云南省碳承载力的决心。

第二，该制度通过总量目标设置、碳配额分配、碳排放权交易，通过市场机制激励企业自主创新研发减排技术和低碳能源生产技术，从源头上减排碳排放。碳权约束对企业的生产决策存在影响。强制减排机制对企业的生产活动有一定的限制，设置一定自由度的碳补偿机制对总量控制目标的碳交易机制是一个灵活的补充，有利于资源优化配置，并达到碳排放量控制目标。税费机制对企业的生产有一定的抑制作用，但同时并不对企业的期望收益带来负面影响。从而说明了税费减排机制是一种促进企业展开减排活动、确保政府减排目标实现的有效机制[133]。

第三，该制度有利于逐步理清碳排放权的属性，促进生态文明建设水平的提高。当碳排放总量、每家组织乃至每个人的碳排放权得到了确定后，区域排放的二氧化碳基本被生态系统的植被净吸收并储存在植被和土壤中，则大气中的二氧化碳浓度维持在相对稳定的水平。

2011年，韩国提出"碳减排目标管理法"，开始在大型实体企业实行管理碳排放和能源消耗。韩国政府一方面对部分企业规定碳排放量限制，即对企业碳排放进行配额；另一方面又积极推动碳交易制度，促进碳补偿交易。虽然韩国企业和个人对政府的主动减排措施反应并不积极，甚至韩国经济联合会等经济团体与部分大企业因担心碳交易制度和碳排放限额制度的实施将会加重企业的成本，削弱企业的国际竞争力，但是"碳减排目标管理法"的提出最起码表明了韩国政府对碳减排的重视，及其与世界碳市场接轨的决心。云南省政府借鉴欧盟ETS、韩国以及国内碳交易所的经验，采用碳排放量的绝对值作为碳交易的目标值。

7.5.3　确定碳排放交易覆盖范围

虽然欧盟在确定碳排放交易覆盖企业时，首先选择覆盖能源、热能行业，以及某些高能耗行业（例如炼油厂和热电厂）等二氧化碳排放大户，第二阶段再将更多的排放企业纳入交易计划。然而，胡秋阳（2014年）[134]研究表明，以高能耗产业为重点的能源效率政策其增长促进效果将有悖于抑制高能耗产业过快增长的结构调整意图，所产生的回弹效应可能导致政策的节能绩效欠佳；低能耗产业能效提高的总体效果更优。在降低一次能源的使用总量方面提高高能耗产业能效和提高低能耗产业能效的差距较小，在降低二次能源的使用总量方面后者明显更优，而在降低总体能耗强度方面后者则全面地优于前者。我国试点省市碳交易覆盖企业有所不同，与当地的产业结构有明显关联。深圳将工业、建筑以及交通业纳入强制减排范围，上海纳入了包括钢铁、石化、化工等在内的工业以及航空、机场、铁路、宾馆、金融等行业在内的非工业。广东则主要以水泥、钢铁、陶瓷、石化等高能耗、高排放行业为主。建议云南省碳交易将高耗能和低耗能企业统一纳入到碳排放交易覆盖范围。

7.5.4　建立碳排放权分配标准

通常按照两种原则来分配碳排放权。

一是历史排放原则（grandfathering）来分配。基于历史排放分配是指预先确定行业或企业的历史排放基准，以此来分配配额。分配可以采用协商或者公示的方式进行。基于历史排放分配的交易成本较低，并且有利于保持代际分配的一致性，但是，该方法倾向于维持排放现状，客观上让污染严重的企业获得了更多的排放配额。历史排放原则对新建企业可能不公平。综上所述，历史排放原则分配简单，但不利于企业创新技术降低碳排放量。

其二是按照当期排放量来分配。美国采用的就是基于历史排放方法来分配碳排放权，而欧盟 ETS 则是根据当期排放量来分配排放权。按照当期排放量来分配有利于组织进行技术创新，降低能源消耗量和碳排放量。

不管哪一种方法，现在都处于摸索中。需要设定一个专业的监督机构，监督碳排放权分配机构滥用职权，分配不公甚至利用碳排放权分配贪污受贿行为的发生。

7.5.5　碳排放权配额的分配方式

按照定义，碳排放权是权利主体为了生存和发展的需要，由法律所赋予的向大气排放 CO_2 的权利。根据该定义，碳排放权配额的分配方式应该采用免费发放为主、拍卖为辅的方式。欧盟 ETS 的碳排放配额分配采用的是这种方式。该方式的弊端是：企业对免费获得碳排放权珍惜不够，没有足够积极性去探索降低碳排放量的动力和压力；分配不一定公平，部分垄断企业可以将碳排放成本转嫁到消费者头上。

建议云南省政府拿出 20%～30% 的碳排放量采用拍卖方式分配，得到的资金用于补偿生态系统的管理者提高碳承载力。经济学家预言，未来加大拍卖方式分配的碳排放配额比例将是必然趋势，它虽然在一定程度上使企业的碳排放成本提高了，但是它确实有利于企业提高节能减排的积极性。

7.6　建立云南省内部的 CDM 机制

7.6.1　CDM 机制的内涵

清洁发展机制是《京都议定书》三种机制中唯一连接到发达国家和发展中国家的碳交易制度体系，发达国家通过资金、技术帮助暂不承担减排任务的发展中国家减少温室气体排放量来获取核证排放量。事实上，CDM 是一种融资机制，使发达国家以最小成本方式实现温室气体控制和减排义务，对于发展中国家来说，通过 CDM 项目可以获得部分资金和先进技术，有利于其最终实现《联合国气候变化框架协议》的目标，对双方来说是一种"双赢"的机制。

企业是排放的主要对象。该机制主要针对某一个排放企业或多个排放企业的组合。常常又被称为贸易机制或 CDM 机制（清洁发展机制）。其补偿主体是经济发达国家需要进行碳减排的企业或联合体，而客体主要是发展国家的企业或联合体。

这种机制又被称为面向项目的补偿机制。其核心内容是由经济发达国家来提供资金技术，投资于发展中国家的节能减排项目、可再生能源项目、碳封存项目、非二氧化碳温室气体的封存等项目，由此产生的温室气体减排当量，归属于经济发达国家。

该机制隐含着两个前提：

（1）发展中国家的减排成本会比经济发达国家更低。

（2）气候的改变与减排的来源无关。

值得注意的是，碳补偿贸易项目必须是碳排放总量控制机制所在区域或部门以外的项目，其审批程序比较繁琐。

7.6.2　区域内部 CDM 机制有利于促进生态系统碳承载力的提升

日本是国内建立 CDM 机制并运用较好的国家之一，部分先进企业的节能技术堪称世界一流，但是也有部分企业的能源使用效率还比较低下。比如日本钢铁企业的能源效率位居世界前列，每削减 1t 二氧化碳大约需要花费 10 万日元（约合人民币 6500 元）；而部分能源效率比较低下的中小企业和事业单位（如医院、宾馆、大学、流通行业、运输行业），每削减 1t 二氧化碳大约仅仅需要花费 5000 日元（约合人民币 320 元）。最初把 CDM 机制运用到日本的是经济产业省，目标是制定一定的制度确保能源效率高的企业将其技术转移给能源效率低的企业，实现经济产业省的减排目标或碳排放总量控制目标。

韩国是建立了国内 CDM 机制较早的国家。韩国森林 NEP 达到了 $2.86\times$

$10^4tC/(hm^2 \cdot a)$，这一结果与韩国 1952 年以来开始的大规模植树造林活动关系密切（见表 7-1），也与 CDM 机制应用有关。该机制一定程度上促进了森林、茶园、果园、水田和旱地 *NEP* 的提高和面积的扩大，进而促进生态系统碳承载力的递增。

表 7-1　韩国森林的植树造林历程

时间阶段/年	造林计划	造 林 成 果
1952~1961	治理山地侵蚀	1952 年森林覆盖率降到 32%，平均每公顷森林蓄积量下降到不足 10m³。完成造林 82 万公顷，使森林面积达到 400 万公顷
1962~1972	国土绿化，培育资源	到 1972 年共造人工林 164.9 万公顷，是历史上人工造林面积最大的 10 年
1973~1978	扩大森林资源	荒山绿化、薪炭林造林 100 万亩，提前四年完成计划目标
1979~1987		提前完成了 966 万公顷造林任务和 786 公里的林道建设，建立 80 个规模较大的用材林基地，基本完成了国土绿化目标
1988~1997		增加公益林 32.1 万公顷，建设林道 111375 公里，重点抓林分质量管理
1998~2007	森林资源开发	利用 CDM 补偿资金构筑生态保护林管理体系；加强山林资源的培育和管理；促进林业产业化，活跃地区林业；健全城市林业管理体系，扩大城市林地；综合开发山区资源，振兴山村经济；合理保护和使用山地资源

7.6.3　云南省应用 CDM 机制的条件分析

《云南省"十二·五"发展规划纲要》重化工领域。年综合能耗 5000t 标煤以上的重点能耗企业节能，对化工、钢铁、有色、电力、建材五大耗能行业和企业实行单位产品能耗限额管理。胡秋阳（2014 年）认为我国的低能耗产业的能耗强度普遍低于高能耗产业，但是低能耗产业能效提高的潜力、效应高于高能耗产业，尤其是在降低二次能源的使用量方面，低能耗产业比高能耗产业的能源效率提高的潜力要更大。

7.6.3.1　矿业企业

云南铜业股份有限公司（简称为云铜）的前身是云南冶炼厂（成立于 20 世纪 50 年代），采用的是火法炼铜技术，以生产铜、金、银、浓硫酸为主。公司自成立起至 2002 年一直采用电炉熔炼技术，其能耗很高。公司于 2005 年耗资近 67486 万元引进了艾萨炉熔炼技术，把原来熔炼的矿热电炉改造成了贫化炉用于粗铜和渣的沉降分离，改造后公司的能耗指标有了显著改善（见表 7-2）。

表 7-2 2005～2013 年云南铜业股份有限公司主要能耗指标与 2001 年的比较

电炉	艾萨炉									世界
2001 年	2005 年	2006 年	2007 年	2008 年	2009 年	2010 年	2011 年	2012 年	2013 年	
12.11①	17.97	16.82	20.4	18.07	14.84	6.95	14.29	15.98	15.88	—
595②	333.4	307.44	253.29	302.77	300.92	327.92	326.88	318.05	297.16	550
710③	142.0	148.0	158.0	153.6	141.4	148.2	151.5	151.7	151.8	—

①为矿铜产量（×10⁴t/a）；

②为铜冶炼综合能耗（标煤）（kg/t）；

③为硫酸能耗（标煤）（kg/t）。

为了实现激励技术人员努力创新以降低公司各项能耗水平，云南铜业股份有限公司自身加强了人才培训和制度创新。

第一，制定并实施了"十百千"人才战略：培养 10 名专家级学科带头人，培养 100 名国内最优秀的高级工程师，构建 1000 名最有素质、最有技能的技术工人和工程技术人员组成的技术大军，其中包括 500～600 名工人高级技师，建立起云南铜业人才核心保障体系。云铜公司的人才培训途径主要有云南省学科带头人、创新人才培养；送到国外的企业、高等院校去学习；送到国内的科研院所如中国科学院进行实践学习；鼓励员工攻读硕士和博士学位，拿到学位后所有费用由公司统一报销等；同时，举办各种讲座和培训班，如循环经济讲座、研究生课程学习班。

第二，在省内率先实行学科带头人制度和首席工程师制度。在机械、冶炼、电气、加工、采矿、选矿等 13 个专业聘任"学科带头人"，每人每月给予 3000 元津贴；实行首席工程师制，在主要生产单位和业务部门聘任 8 名"首席工程师"和数十名"主管工程师"，每人每月给予 1000 元和 500 元津贴；学科带头人在办公条件上享受公司中层管理待遇，在课题研究上进行优先支持。

第三，较大幅度地提高专业技术人员职务津贴，给予正高级职称每月 3000 元职务津贴，给予副高级职称每人每月 1500 元职务津贴，其他职称也有津贴激励，以提高技术人员的待遇，为留住人才提供保障。通过上述制度创新、公司熔炼技术引进和消化、原有熔化电炉的改造、尾气吸收装置和蒸汽余热发电站的建设等循环经济活动的开展，相关指标得到了大大改善（见表 7-2）。

7.6.3.2 化工企业

云南省某化工企业通过对装置的冷却水、机泵密封水、冷凝液等废水的回收利用，真正实现了废水零排放。该企业将生活污水处理后代替工艺水使用，用作氟盐洗涤水、一期浓缩氟回收补水和均化车间补水；从 2010 年 1 月实施浮选液全部回收，2 月实现了干净水回收作絮凝剂稀释水，处理污水回收作磨机水的改

造，节约水量约 10m³/h；硫酸装置脱盐水阳床、阴床再生液分开使用，阳床再生液供磷酸装置过滤使用，阴床再生液供氟盐装置化盐和洗涤使用，回收了碱水中的钠离子，降低了氟硅酸钠的使用；改造后磷酸装置将二次清洁水全部送至硫酸车间使用，同时各真空泵全部使用循环水；公司还回收了邻近两个公司的生产和生活废水，流量共计是 45m³/h。通过实施"废水零排放"，2009 年、2010 年吨化肥水耗分别为 4.07m³、3.58m³。2010 年废水利用约 275×10⁴m³，工业用水价格为 1.5 元/m³，废水零排放产生的直接经济效益约为 412 万元，同时大量节约了抽水的能源。

7.6.3.3 服务企业

为了实现绿色施工降低能源消耗，昆明长水国际机场在前期的建设过程中分散式地安装了四套膜生物反应器（MBR）的污水处理及回用设备，日处理污水为 300t/天。这四套污水处理及回用设备均由昆船环保设备有限公司设计安装。处理后的污水被用于施工过程中的降尘、道路浇洒，为 2009 年云南省干旱的节约用水起到了很好的示范作用。

该公司还专门负责长水国际机场航空机场垃圾的分类及处理。环保设备产业属于新兴产业，能耗低，但公司目前在运行过程中遇到资金等问题。本项目研究认为省政府要从税收、资金等方面给予大力支持，使其成为云南省环保设备制造业新的增长点。

可见，云南铜业股份有限公司、例子中提到的化工企业和服务企业是行业节能比较成功的企业。它们可以作为项目供给方，通过技术转移帮助行业内外能源效率比较低下的企业完成节能目标。

7.6.4 云南省内部 CDM 机制的设计

云南省内部 CDM 机制见图 7-4。

（1）成立碳信用交易推进协会。云南省政府需要成立一个负责碳信用交易的推进协会，该协会需要对云南省的企事业单位的能源效率进行分类，分别归入能源效率高的企事业单位和能源效率低的企事业单位，并根据碳补偿目标分别以上一年度的碳排放量制定一定的减排目标，为 CDM 机制的减排需求方和项目供给方牵线搭桥，帮助其制定详细的减排计划和进行 CDM 机制设计。

（2）成立第三方独立认证机构。该机构拥有一套严格碳排放量核算标准和一支训练有素、经验丰富的专业审查员，负责审查减排项目的认证和减排效果的评价工作。关于碳排放量核算标准可以参照 CDM 机制的标准。第三方认证机构需要接受认证委员会、低碳经济发展方针委员会和碳排放量审查委员会的领导，委员会成员需要经过专门的选拔和培训，委员会直接接受政府的领导。

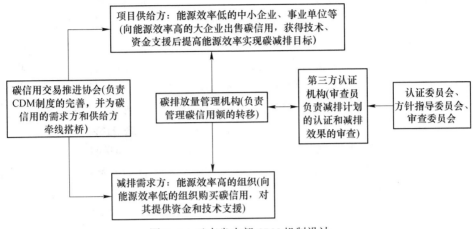

图 7-4 云南省内部 CDM 机制设计

（3）建立一套严格可行的碳补偿标准。作为允许《京都议定书》中的附件
Ⅰ国家（工业化国家）向非附件Ⅰ国家（发展中国家）购买经核证的减排量
（Certified Emission Reduction，CER）的 CDM 机制，采用 CDM-AR 标准来核证减
排量。相对于其他标准来说，该标准是较为严格和完善的一种，它既可作为强制
市场的碳补偿项目的标准，又可作为自愿市场中的碳补偿项目标准。另外，我国
作为 CDM 机制的项目方，对该标准相对比较熟悉。

7.6.5 建立云南省内部森林碳汇补偿机制

碳补偿是个人和企业针对其碳排放量，通过赞助增加 CO_2 吸收活动和项目制
定的一个补偿性措施。碳补偿项目的宗旨在于鼓励个人和企业通过对温室气体减
排项目自愿进行筹资而减少空气中的 CO_2 行为。

森林碳汇补偿是碳排放主体通过赞助增加 CO_2 吸收的森林活动和森林项目制
定的一个补偿性措施，其资金提供方是碳减排者，其项目提供者是通过植树造林
的企事业单位。

森林生态系统作为陆地生态系统的主体，不仅在维持生物圈和地圈动态平衡
中发挥着举足轻重的作用，而且在调节全球碳循环、减缓大气 CO_2 升高和维护全
球气候稳定等方面起着不可替代的作用。森林及其变化对陆地生物圈和其他地表
过程有重要影响，森林覆盖率是评价地区低碳经济发展水平的重要指标之一。

7.6.5.1 发展森林碳汇项目的可行性

云南省森林碳承载力占生态系统碳承载力的比值为 67.49%。2004 年、2005
年、2009 年、2013 年云南省森林面积分别是 1287.73 万公顷、1501.5 万公顷、
1817.73 万公顷、1914.19 万公顷，森林覆盖面积虽然有较大幅度的递增，但是

云南省森林碳承载力有较大的提升潜力。如果将荒山草坡地还有 224.6 万公顷全部转变为森林，假设森林 NEP 不变（$2.1144tC/(hm^2 \cdot a)$），则云南省森林碳承载力将提高到 474.89 万吨 CO_2。

云南省森林碳承载力提升有较大的潜力，因为森林破坏历史很长。三国两晋时期，诸葛亮"西和诸戎，南抚夷越"的政策使曲靖、楚雄、大理一带成为了"诸夷慕侯之德，渐去山林徙居平地，建城邑务农桑"之地。元朝大规模的垦殖（分军屯和民屯两种）使森林面积减少了 40 万亩左右。明朝的移民屯垦使得云南省"山多巨树"、"棒莽蔽蜡"、"草木畅茂"逐渐消失。个旧锡矿的开发和冶炼使得蒙自、建水、石屏山林遭受重创。东川铜矿开发、普洱磨黑盐井盐业的发展使得原来茂密的常绿阔叶林消失了。

清朝以来，因中原人民不堪民族压迫、抗清武装力量、雍正时的边远省份实行开发性人口迁入政策使得云南省人口骤增。1762 年，云南省人口 208.8 万人；1780 年，云南省人口达到 320.1 万人；清末民国初期，云南省人口为 946.6 万人。抗日抗争时，人口向大西南流动。1936 年，云南省人口 1204.7 万人；1949 年，云南省人口为 1595 万人；1984 年，全省人口达 3362 万人。

以上数据说明，云南省的地理位置适合发展林业。森林 NEP 具有较高的提升潜力，建立碳补偿机制是提高森林 NEP 的重要路径之一。

7.6.5.2　森林补偿项目的标准

国外森林补偿项目多参照 CDM 造林再造林项目标准（Afforestation and Reforestation Standardunder CDM，CDM - AR）。该标准是由 UNFCCC 缔约方会议和CDM 执行理事会制定的。该标准要求：实施碳补偿项目的土地必须是最近 50 年内不曾为森林的土地（造林项目）或 1989 年 12 月 31 日以来不为森林的土地（再造林项目）；除造林再造林项目可以作为合格的碳补偿项目外，其他任何形式的林业碳汇项目（包括避免毁林项目）都不是合格的碳补偿项目。

CDM-AR 标准的方法比较严谨。该标准要求 CDM 碳汇补偿项目必须使用经CDM 执行理事会批准的方法学，如果使用新的方法学，项目开发商必须向 CDM方法学委员会提交拟议的新的方法学，CDM 方法学委员会对拟议的新方法学进行评审后，将其评审意见提交给 CDM 执行理事会，由 CDM 执行理事会决定是否批准拟议的新方法学。CDM-AR 项目的方法学必须就项目的基线和额外性的确定方法、识别可能的泄漏源及考虑或忽略该泄漏源的理由、计量和监测的方法、参数以及与关键参数有关的不确定性等内容进行详细描述。

7.6.5.3　云南省内部森林碳补偿机制设计

如何通过碳汇补偿项目来完成相应的碳减排目标？政府工作的第一步需要

"森林碳汇抵销计划"。该计划由三部分组成：

（1）鼓励国外有减排义务的国家在云南省内造林实现其减排目标。

（2）鼓励在云南省开展森林的可持续经营管理。

（3）实行一系列的森林碳汇补偿项目。森林碳汇补偿项目的开发离不开相关组织的支持，从项目申请、注册到项目验证以及项目的补偿额数都需要相关组织协助完成，其主要机构及其职责见表7-3。

表7-3　森林碳补偿的相关机构及其主要职责

机　构	主　要　职　责
森林碳汇补偿中心——行政机构	负责项目的申请、注册，补偿委员会委员的选拔
项目验证机构	负责项目的验证、碳汇有效期的核算、示范项目的暂时验证
补偿委员会	由10名森林补偿专家组成，主要职责是确定森林碳汇补偿额度

森林碳补偿认证总体遵循"申请-项目有效期-项目实施-初期验证和补偿-监测-网上认证和续期"的过程（见图7-5）。碳汇补偿提供者初期要准备项目设计文件，通过森林碳汇补偿中心申请，上交项目验证机构进行有效期的核算和项目的验证，验证报告合格后，森林碳汇补偿中心对项目进行注册，此时补偿提供者着手实施项目；在项目实施过程中，森林碳汇补偿中心请求项目验证机构对项目进行核查，验证通过森林碳汇补偿中心组成补偿委员会，成立专家小组确定项目补偿额度，碳汇补偿提供者要实时监测并提供相关报告。

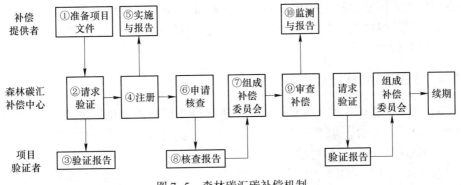

图7-5　森林碳汇碳补偿机制

项目后期，森林碳汇补偿中心请求项目验证机构验证项目，并组成补偿委员会核查，验证通过，项目补偿可进行续期。森林碳汇补偿中心专门开通森林碳汇补偿网上系统，网上系统的开发不仅增加了认证过程的透明性还增加了碳汇补偿的可靠性，也为森林碳汇提供者带来便利性，使认证过程（项目申请、注册、监测等）可在网上进行，有效节省了碳汇产品认证时间。

7.7 建立个体自愿碳补偿机制

7.7.1 建立碳交易所和产品碳补偿标识制度

《云南省"十二·五"发展规划纲要》提出：在公用设施、宾馆商厦、民用住宅中推广采用高效节能办公设备、家用电器和照明产品，严格执行产品能效标识制度，推动蓄能空调系统、太阳能热水器、太阳能光电互补系统应用。

2009 年 8 月 5 日，经过北京环境交易所的推荐，中国企业"天平汽车保险公司"购买了 2008 年奥运期间北京"绿色出行"活动产生的 8026t 碳减排指标，用于抵消该公司自 2004 年成立以来至 2008 年底公司运营过程中产生的碳排放。"天平汽车保险公司"的碳补偿活动开启了中国自愿碳减排市场的新篇章。之后，国内逐渐出现了碳中和银行、碳中和酒店和碳中和演出等。

2010 年 9 月，上海环境能源交易所与广东中山本土厨卫品牌"樱雪"成功签署自愿碳补偿协议。樱雪厨卫成为该行业内最先自愿实施碳减排的企业，履行一个企业应该承担的环保责任。樱雪厨卫成为了行业内第一家自愿碳补偿标识的产品，发起了以"低碳绿色风暴"为主题的全国性大型促销活动，让消费者以零门槛方式享受高品质的绿色厨卫精品。樱雪"绿色科技"的品牌定位，不仅成为企业市场营销创新的一种新手段，而且为国家的低碳经济发展贡献了自己的力量，值得推广和借鉴。

云南省当务之急是大力宣传本土企业建立碳补偿标识活动，鼓励本土企业为云南省的低碳经济发展建立碳补偿标识。由上海人大科学发展研究院和上海环境能源交易所共同发起的《中国自愿碳减排标准》是参照国际规则、自主研发而成的中国在碳减排领域的首个完整标准体系。通过该标准审定与核查的碳减排量具有国际权威性。

7.7.2 建立旅游者实施碳补偿制度

胡秋阳（2014 年）[134] 研究表明：交通运输业是能耗增长最快的产业。早在 2008 年 12 月的布鲁塞尔召开的欧洲环境峰会上，欧洲各国代表共同做出一项决议——将强制要求运输行业减少 20% 的能源消耗，减少 20% 的温室气体排放，同时增加 20% 的可再生能源利用率。航空运输行业是过去几年 CO_2 排放量增长最快的行业，到 2012 年，航空运输业也将加入"排碳配额交易市场"。一些公司自行承担碳补偿的负担，绝大部分学者和交通运输业的公司认为应该由消费者来承担碳补偿的责任，并进行了"打包"设计。法国环境和能源控制署颁布了《碳补偿宪章》，以此来规范这些"打包服务"。

云南省要想使碳补偿成为行之有效的减排手段，首先就应当将其设定为强制执行，而非选择执行；其次，计算每公里出租车、大巴车、火车、飞机等交通工具出行所耗费的燃油及排放的二氧化碳，选择最适合云南省的碳中和项目，估算中和二氧化碳消费者能接受的价格，将碳补偿费用强制打包在出租车、大巴车、火车、机票价格中。目前，巴黎 Verture 出租车公司的车费中包含了碳补偿费用、奔驰 Smart 系列的车价包含了该车前 5 万公里的碳补偿费用。最后，需要建立严格的碳补偿资金的流向、使用等监管制度，确保消费者的碳补偿费用确实用在了中和自己消费的碳的项目中。

生态马克思主义认为：消费问题是环境问题的根源，异化消费是生态危机的罪魁祸首。三种责任理论表明：无论是生产者还是消费者都有责任减轻碳排放，或中和自己的碳排放量。产品碳标识制度和旅游者碳补偿制度对限制人类的异化消费有一定的帮助，也较好地落实了消费者的环境责任。

7.8　本章小结

我国目前实行的是碳减排的行政目标管理机制，其最大的缺点是无法控制碳排放总量。《联合国气候变化框架公约》的目标是到 21 世纪末控制气温增幅控制在 2℃以内，即大气的 CO_2 浓度控制在 $400×10^{-6}$ 以下。世界银行前首席经济学家斯特恩著名的《斯特恩报告》指出气候变暖的损失将上升到 GDP 的 20%或者更多（Stern，2007 年）。在 21 世纪内将气温升高控制在 2℃以内的目标被写入 2009 年八国集团峰会达成的《哥本哈根协议》，该目标后在 2010 年的坎昆气候变化大会和 2011 年的德班气候变化大会被再次确认。2015 年的巴黎气候大会达成的《巴黎协定》指出，各方将加强对气候变化威胁的全球应对，把全球平均气温较工业化前水平升高控制在 2 摄氏度之内，并为把升温控制在 1.5 摄氏度之内而努力。全球将尽快实现温室气体排放达峰，21 世纪下半叶实现温室气体净零排放。

云南省是世界基因宝库，实现碳均衡目标有利于基因宝库的保护。云南省碳减排机制需要实现三个改变：

（1）从与 GDP 挂钩的相对减排目标实现机制向总量控制目标机制改革。

（2）从单一的碳减排行政管理机制向碳减排和碳承载力提升的统一机制改变。

（3）从不能上市交易的行政管理机制向能够上市交易的市场机制转变。

要实现上述三个改变，需要建立云南省碳排放量目标值等于生态承载力预测值的目标实现机制。云南省碳均衡目标实现机制实质是基于碳承载力预测值的碳总量目标制定和实现机制。将其分解，实质是提升生态系统碳承载力的机制、节能减排的激励制度、低碳能源生产的激励制度等。其中，提升碳承载力机制又可分解为植树造林激励制度、森林防火管理机制、水田保护机制等，它们都与总量控制碳交易机制和补偿机制有关。本项目将总量控制碳交易和碳补偿制度作为研

究的重点。

它需要以总量控制的碳交易机制为中心，建立省内 CDM 补偿机制和自愿碳补偿机制为补充的组合机制。其中，总量控制的碳交易机制的关键问题有：

（1）加快明确碳排放权的性质。

（2）将碳承载力的预测值作为碳排放量的目标值，以此建立总量控制的碳交易机制。

（3）将低能耗组织纳入到碳排放交易覆盖范围。

（4）建立免费发放和拍卖相结合的碳排放权配额的分配方式。碳补偿机制是实现资源优化配置的重要机制。成立碳信用交易推进协会、成立第三方独立认证机构、建立一套严格可行的碳补偿标准是建立灵活有效的碳补偿机制的关键。建立碳交易所和产品碳补偿标识制度和建立旅游者实施碳补偿制度是建立自愿碳补偿机制的保障。

8 基于终端消费的云南省碳排放特征及减排对策

8.1 云南省能源消费量分析

近年来，云南省的经济发展以稳定速度保持增长。2000～2014年，云南省GDP由2138.31亿元快速上升为12814.59亿元，15年间年均上升率接近40%。随着经济发展的同时，云南省能源生产总量与消费总量呈大幅度上升趋势（见图8-1）。

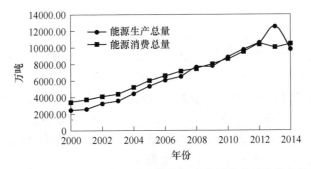

图 8-1 2000～2014 年云南省能源生产和消费总量变化趋势

8.1.1 云南省能源生产

2000～2014年，云南省能源生产总量由2471.77万吨上升为9805.49万吨，年均上升率19.78%。2000～2013年，云南省能源生产总量持续迅速上升；2013年，云南省能源生产总量达到峰值12531.99万吨。2013～2014年，能源生产总量呈大幅度下降趋势，下降幅度超过2000万吨。

8.1.2 云南省能源消费

2000～2014年，云南省能源消费总量由3468.33万吨增加为10454.83万吨，年均增加率13.43%。2013年，云南省能源消费总量则呈下降趋势，减少为10072.09万吨标准煤。

8.1.2.1　能源消费结构

云南省能源消费以煤炭为主，但煤炭占能源消费总量的比值呈下降趋势。2000~2014 年，煤炭消费占能源消费总量的比重由 62.62% 下降到 43.07%，下降了 19.55%。天然气所占比重较小，且呈逐渐下降趋势，但趋势不明显。

石油消费量呈逐年增长趋势。2000~2014 年，石油消费比重上升了 7.25%。

一次电消费量比重呈递增趋势。2000~2014 年，一次电占能源消费总量的比例由 25.39% 上升为 40.66%，增长幅度达到 15.27%。2014 年，一次电和煤炭占能源消费总量的比值接近相等。

由此看出，云南省能源消费结构从单一化逐渐转变为多元化，对煤炭消费的依赖性逐渐降低。

8.1.2.2　终端能源消费变化

2000~2014 年，第一产业的能源消费量呈减少趋势，由 297.89 万吨降低到 198.08 万吨，年均下降率 2.23%。第一产业所占能源消费总量比例由 8.59% 降低为 1.89%。

2000~2012 年，第二产业能源消费量呈加速上升态势，由 2385.74 万吨上升到 7780.95 万吨，年均增长率 15.08%；2012~2013 年，第二产业能源消费量呈减少趋势，减少了 354.89 万吨；2014 年较 2013 年相比大体不变。2000~2014 年，第二产业能源消费量所占能源消费总量比重从 68.79% 增长到 71.46%，增长了 2.67%。其中，工业能源消费所占第二产业比例高达约 98%。

2000~2014 年，第三产业能源消费量由 290.61 万吨下降到 1718.02 万吨，但所占比例由 8.38% 增长到 16.43%，上升了 8.09%。

2000~2014 年，居民生活消费能源消费量从 494.09 万吨上升为 1067.27 万吨，但所占比例由 14.25% 下降为 10.21%，降低了 4.04%。

8.2　终端消费的碳排放总量测算及驱动因素研究[①]

云南省作为低碳经济试点地区，承担着探索有效的低碳经济发展模式和路径的责任。在前面章节的云南省碳排放的测算中，考虑了三大产业化石能源消费和水泥生产碳酸盐分解的碳排放量，但是未就终端消费进行云南省化石能源消费产生的碳排放量的特征进行分析。

2014 年，云南省终端能源消费产生的 CO_2 排放量为 18952.04 万吨，较 2000 年 CO_2 排放量增长 243.27%。根据国家制定的于 2030 年左右使 CO_2 排放达到峰

[①]　该部分内容发表在：林秀群，童祥轩，梁超. 基于终端消费的云南省碳排放总量测算及驱动因素实证研究，生态科学，2017，36（5）：144~151。

值，单位国内生产总值 CO_2 排放较 2005 年降低 60%～65% 这一目标，云南省迫切需要准确测算终端能源消费及其碳排放量，研究其变化趋势及其主要驱动因素，进而制定阶段性的节能减碳目标。

基于测算 2000～2014 年云南省 17 种能源消耗产生的 CO_2 排放量，将部门划分为六大生产部门和两大生活部门，选取 LMDI 1 分解法，对云南省终端能源消费 CO_2 排放量的 11 个驱动因素进行实证研究。

8.2.1 研究综述

8.2.1.1 碳排放测算研究综述

关于 CO_2 排放测算的部门划分。董锋等（2015 年）研究我国六个经济部门的终端能源消费碳排放量，选取三种能源消费量来计算各区域 CO_2 排放量[135]。吴常艳等（2015 年）划分 29 个部门，采用投入产出生命周期评价方法对我国碳排放进行测算[136]。蒋金荷（2011 年）将我国 CO_2 排放量的研究分为农业、第二产业、工业、第三产业、交通运输、商业服务业六大部门进行分行业 CO_2 排放测算分析[137]。胡初枝等（2008 年）划分六大生产部门，构建我国 CO_2 排放总量模型进行测算[138]。

关于 CO_2 排放测算的能源种类。王长建等（2016 年）将能源种类分为 13 种对新疆能源消费碳排放进行测算[140]。王雅楠等（2016 年）选取消耗量较大的主要 3 种能源（原煤、原油、天然气）对中国碳排放进行测算[139]。张伟等（2013年）将能源品种划分为 15 类，并选取每年发电和产热过程中消耗的能源消费量来计算电力、热力的碳排放量，综合得出 2000～2010 年陕西省能源消费碳排放量[141]。宋杰鲲（2012 年）将能源种类分为 17 种（除热力、电力），构建山东省碳排放测算模型[142]。

8.2.1.2 碳排放驱动因素研究综述

黄蕊等（2016 年）基于 SITRPAT 模型定量分析江苏省能源消费碳排放与人口规模、人均 GDP、技术进步和城镇化水平之间的关系，发现控制人口数量、降低经济增长速度以及提高技术水平，能够控制江苏省的能源消费碳排放量[143]。刘源等（2014 年）运用 LMDI 分解法，将 CO_2 排放影响因素分为碳排效率效应、能源强度效应、产业结构效应和经济效应，结果表明厦门市碳减排重点部门在第二产业，优化产业结构和能源结构有较大减排潜力[144]。朱勤等（2009 年）以 LMDI 分解法分析能源结构效应、能源强度效应、产业结构效应、经济产出效应和人口规模效应五种因素与我国碳排量之间的关系，发现产业结构整体变化对该阶段碳排放增长未能表现出负效应，是由于第二产业的碳排放呈现长期增长态势

而导致的[145]。徐国泉等（2006年）采用 Divisia 分解法，将我国 1995~2004 年阶段人均碳排放分解为能源结构、能源效率和经济发展等因素，结果显示经济发展对我国人均碳排放的推动贡献率呈指数增长，而能源效率和能源结构对我国人均碳排放的抑制贡献率表现为倒 U 形[146]。

8.2.1.3　文献述评

结合目前云南省碳排放相关研究进展，得出以下几点不足：

第一，涉及省域碳排放相关研究文献，多数会忽略生产部门的细分，而仅将生产部门进行划分。而随着人口结构和城镇化发展等因素的变化，该种部门划分方法将会忽略很多影响该部门 CO_2 排放量因素，产生不确定因素，不利于深入地研究 CO_2 排放的驱动因素，以致不能准确制定相应的节能减排措施。

第二，数据的不完善和计算方法的简单性，多数研究文献基于三大能源系数（原煤、原油、天然气）对 CO_2 排放量进行测算，少数文献涉及多种能源种类算法，但仍不够全面，未将二次能源（电力、热力）列入碳排放测算模型，更缺少对电力、热力的 CO_2 排放因子的测算及其承担比率的换算。

为克服以上研究不足，本书以 17 种能源构建 CO_2 排放总量模型，并进行 11 种驱动因素分解。基于一次能源消费量的碳排放测算，采用能源加工转换中的火力发电与供热的 15 种一次能源消耗量来进行间接测算二次能源（电力、热力）的 CO_2 排放量，充分考虑区域之间电力调入调出，计算各部门终端承担比率，并以 17 种（含电力、热力）终端能源，分八大部门来构建 2000~2014 年云南省 CO_2 排放总量测算模型。采用 LMDI 1 分解法，将 CO_2 排放量分解为生产部门 5 类因素、生活部门 6 类因素合计 11 个驱动因素进行研究。除了能够分析八大部门细化到 17 种能源的 CO_2 排放趋势，也能够研究各种分解因素之间的联系和区别，分析不同驱动因素的强弱作用。对于云南省制定相应的节能减排政策，具有一定的参考意义。

8.2.2　云南省终端能源消费碳排放的测算模型

8.2.2.1　数据来源与处理

构建云南省终端能源消费 CO_2 排放模型，共涉及六大生产部门、两大生活部门合计 17 种能源。研究时间段为 2000~2014 年，并逐年进行定量分析。所有相关数据来源于《中国能源统计年鉴》和《云南统计年鉴》，终端能源数据为实物量，并折算为标准量。

六大生产部门：农牧业、工业、建筑业、交通运输业、批发零售业和其他。

两大生活部门：城镇和乡村。

17 种能源品种：原煤、洗煤精、其他洗煤、焦炭、焦炉煤气、原油、汽油、煤油、柴油、燃料油、液化石油气、炼厂干气、其他石油制品、天然气、电力和热力。

8.2.2.2 排放因子测算

根据《IPCC指南》及国家发改委能源研究所的一次能源碳排放因子，测算一次能源产生的 CO_2 排放量。多数研究表示二次能源已在生产端进行了 CO_2 排放测算，因此在终端二次能源通常不被列入计算，而这种算法并不能准确测算出 CO_2 排放总量。如果将国家发改委公布的区域电网基准线排放因子直接应用于省域层面进行 CO_2 排放测算则又存在较大误差。采用肖宏伟提出的方法，在考虑二次能源（电力、热力）碳排放因子的动态趋势和区域电力调入调出的基础上，计算各部门承担比，以二次能源所消耗的化石能源间接测算出碳排放因子[147]。

8.2.2.3 终端能源消费碳排放测算模型

根据《中国能源统计年鉴》提供的数据，构建云南省终端能源消费的 CO_2 排放总量测算模型。设定 CO_2 排放量为 $C(10^4t)$，能源 i 品种的消费量为 E_i (10^4t)，包括一次能源和二次能源；能源 i 品种的碳排放系数为 $B_i(kgCO_2/kg)$，折标准煤系数为 $F_i(kg/kg)$。其计算方法见式（8-1）。

$$C = 44/12 \times \sum_i B_i \times F_i \times E_i \qquad (8-1)$$

云南省八大部门 CO_2 排放量趋势，见表8-1。

表8-1　云南省八大部门 CO_2 排放量趋势

年份	生产部门 CO_2 排放量/10^4t						生活部门 CO_2 排放量/10^4t		CO_2 排放总量/10^4t
	第一产业	第二产业		第三产业					
	农、林、牧、渔业	工业	建筑业	交通运输、仓储和邮政业	批发、零售业和住宿、餐饮业	其他	城镇	乡村	
2000	287.63	3856.10	65.98	349.13	44.84	123.08	301.38	716.01	5744.15
2003	292.47	6596.97	119.40	878.34	74.44	154.01	427.04	776.98	9319.66
2004	516.61	4043.24	71.95	368.89	54.76	140.07	307.95	709.45	6212.92
2005	618.18	7514.11	835.08	536.95	124.37	261.96	604.57	741.94	11237.14
2006	603.44	11936.21	228.15	1368.15	156.64	256.65	667.66	793.54	16010.43
2007	620.22	9229.16	232.39	1424.80	192.73	242.86	762.73	862.10	13566.97

续表 8-1

年份	生产部门 CO_2 排放量/10^4t						生活部门 CO_2 排放量/10^4t		CO_2 排放总量 /10^4t
	第一产业	第二产业		第三产业					
	农、林、牧、渔业	工业	建筑业	交通运输、仓储和邮政业	批发、零售业和住宿、餐饮业	其他	城镇	乡村	
2008	575.77	12936.79	266.08	1486.91	229.11	282.98	733.75	815.81	17327.20
2010	594.47	14555.17	341.26	1886.90	352.56	361.92	967.97	924.07	19984.32
2011	547.40	15268.73	384.64	2011.37	448.89	434.81	703.99	1084.71	20884.54
2012	538.25	15299.15	369.23	2124.66	521.68	485.29	749.41	1107.15	21194.83
2013	894.82	14185.88	1175.83	2031.38	539.39	471.52	715.13	1067.76	21081.70
2014	553.35	13236.91	331.76	2237.64	439.88	485.89	629.69	1037.34	18952.46

由表 8-1 可以看出，2000~2014 年期间，云南省 CO_2 排放量从 5744.15 万吨增长到 18952.46 万吨，生产部门中 CO_2 排放量最为突出的为第二产业的工业部门，由 3856.1 万吨大幅度增长到 13236.91 万吨，约占 CO_2 排放总量 70%，其次为第三产业的交通部门，CO_2 排放量由 349.13 万吨上升到 2237.64 万吨，增长率 540.92%。而生活部门中，乡村的 CO_2 排放量则较高于城镇。

8.2.3 云南省终端能源消费 CO_2 排放因素分解模型及测算

8.2.3.1 因素分解法

目前的因素分解法主要有：拉氏指数和迪氏指数分解法。迪氏指数分解法克服了拉氏指数分解法中分解不完全的情况，因此目前使用得更为广泛。主要有 AMDI、LMDI 1 和 LMDI 2。AMDI 法并不能无残差分解，LDMI 2 乘法形式和加法形式可加性不一致，因而都未能广泛使用。LMDI 1 不论对数度量自变量变化的加法形式还是乘法形式，均能够完全分解，无残差项，适用范围广。鉴于此，选取 LMDI 1 分解法对 CO_2 排放进行因素分解。

8.2.3.2 基于终端消费的化石能源消费碳排放量测算的模型构建

本书基于 LMDI 1 分解法，将云南省终端能源消费 CO_2 排放量分解为生产部门 5 类因素、生活部门 6 类因素合计 11 个驱动因素进行研究。生产部门 5 类因素：生产部门能源结构碳强度、能源结构、能源强度、产业结构和 GDP。生活部门 6 类因素：生活部门能源结构碳强度、能源结构、能源强度、人均收入、人口结构和人口总量。模型见式（8-2）。

$$C = \sum_{m=1}^{6} \sum_{i=1}^{17} C_{mi} + \sum_{n=1}^{2} \sum_{i=1}^{17} C_{ni}$$

$$= \sum_{m=1}^{6} \sum_{i=1}^{17} \frac{C_{mi}}{E_{mi}} \times \frac{E_{mi}}{E_m} \times \frac{E_m}{Y_m} \times \frac{Y_m}{Y} \times Y +$$

$$\sum_{n=1}^{2} \sum_{i=1}^{17} \frac{C_{ni}}{E_{ni}} \times \frac{E_{ni}}{E_n} \times \frac{E_n}{YR_n} \times \frac{YR_n}{P_n} \times \frac{P_n}{P} \times P \qquad (8-2)$$

$$= \sum_{m=1}^{6} \sum_{i=1}^{17} CE_{mi} \times M_{mi} \times I_m \times S_m \times Y +$$

$$\sum_{n=1}^{2} \sum_{i=1}^{17} CE_{ni} \times M_{ni} \times I_n \times PCI_n \times D_n \times P$$

式中，C 为 CO_2 排放量，10^4t；m 为生产部门；n 为生活部门；i 为第 i 种能源品种；E 为能源消费量，10^4t；Y 为产出，亿元；YR_n 为城镇居民可支配收入、农村居民纯收入，亿元；P 为云南省常住人口总量。

因素分解各变量解释，见表8-2。

表8-2　因素分解各变量解释

变　量	含　　义	代表含义
$CE_x = C_{xi}/E_{xi}$	x 部门第 i 种能源消费的碳强度	能源结构碳强度
$M_{xi} = E_{xi}/E_x$	x 部门第 i 种能源消费占部门能源消费总量比例	能源结构
$I_x = E_x/Y_m(YR_n)$	x 部门的能源强度	能源强度
$S_m = Y_m/Y$	第 m 个生产部门的产出占总产出的比例	产业结构
$PCI_n = YR_n/P_n$	第 n 个生活部门的人均收入	人均收入
$D_n = P_n/P$	第 n 个生活部门人口占总人口比重	城镇化水平

8.2.3.3　碳排放量的 LMDI 1 加法形式分解

$$\Delta C_{CE_{mi}} = \frac{C_{mi}^T - C_{mi}^0}{\ln C_{mi}^T - \ln C_{mi}^0} \ln \frac{CE_{mi}^T}{CE_{mi}^0} \cdots \Delta C_Y = \frac{C_{mi}^T - C_{mi}^0}{\ln C_{mi}^T - \ln C_{mi}^0} \ln \frac{Y^T}{Y^0} \qquad (8-3)$$

$$\Delta C_{CE_{ni}} = \frac{C_{ni}^T - C_{ni}^0}{\ln C_{ni}^T - \ln C_{ni}^0} \ln \frac{CE_{ni}^T}{CE_{ni}^0} \cdots \Delta C_P = \frac{C_{ni}^T - C_{ni}^0}{\ln C_{ni}^T - \ln C_{ni}^0} \ln \frac{P^T}{P^0} \qquad (8-4)$$

8.2.3.4 LMDI 乘法形式分解

$$D_{CE_{mi}} = \exp\left[\sum_{m=1}^{6}\sum_{i=1}^{17}\frac{(C_{mi}^{T} - C_{mi}^{0})(\ln C^{T} - \ln C^{0})}{(C^{T} - C^{0})(\ln C_{mi}^{T} - \ln C_{mi}^{0})}\ln\frac{CE_{mi}^{T}}{CE_{mi}^{0}}\right] \quad (8-5)$$

$$\vdots$$

$$D_{Y} = \exp\left[\sum_{m=1}^{6}\sum_{i=1}^{17}\frac{(C_{mi}^{T} - C_{mi}^{0})(\ln C^{T} - \ln C^{0})}{(C^{T} - C^{0})(\ln C_{mi}^{T} - \ln C_{mi}^{0})}\ln\frac{Y^{T}}{Y^{0}}\right] \quad (8-6)$$

$$D_{CE_{ni}} = \exp\left[\sum_{n=1}^{2}\sum_{i=1}^{17}\frac{(C_{ni}^{T} - C_{ni}^{0})(\ln C^{T} - \ln C^{0})}{(C^{T} - C^{0})(\ln C_{ni}^{T} - \ln C_{ni}^{0})}\ln\frac{CE_{ni}^{T}}{CE_{ni}^{0}}\right] \quad (8-7)$$

$$\vdots$$

$$D_{P} = \exp\left[\sum_{n=1}^{6}\sum_{i=1}^{17}\frac{(C_{ni}^{T} - C_{ni}^{0})(\ln C^{T} - \ln C^{0})}{(C^{T} - C^{0})(\ln C_{ni}^{T} - \ln C_{ni}^{0})}\ln\frac{P^{T}}{P^{0}}\right] \quad (8-8)$$

8.2.4 因素分解结果

根据 LMDI 1 模型的解法方程，加法形式与乘法形式所得结果一致，计算分解结果如表 8-2 所示。并发现加法形式和乘法形式之间存在关系见式（8-9）。

$$\frac{\Delta C_{CE_{mi}}}{\ln D_{CE_{mi}}} = \frac{\Delta C_{M_{mi}}}{\ln D_{M_{mi}}} = \cdots = \frac{\Delta C_{P}}{\ln D_{P}} = \frac{C^{T} - C^{0}}{\ln C^{T} - \ln C^{0}} \quad (8-9)$$

所有加法分解因子的效力和乘法形式得出的结果一致。

8.2.5 驱动因素分类分析

本书根据各驱动因素的特征，将 11 个驱动因素划分为五大类效应，分别为能源结构碳强度效应、能源结构效应、能源强度效应、人口效应、经济效应。其结果分别见表 8-3 和表 8-4。

8.2.5.1 能源结构效应

根据生产部门和生活部门能源结构的特征，将其归为能源结构效应，并对两大部门的能源结构分别研究分析。

第一，生产部门能源结构贡献。

2000~2014 年间，生产部门能源结构的累计贡献度为-17.65%。表明此期间内生产部门能源结构对 CO_2 排放量有一定的减缓作用。这主要受电力能源所占比重从 2000 年的 25.52%下降到 2014 的 21.35%以及焦炭从 2000 年的 19.67%下降到 2014 年的 16.74%所影响。因在同等条件下，能源结构中焦炭、电力的碳排放系数较大，随之所占比重下降，CO_2 排放量逐渐下降。可以看出，能源结构的调整一定程度上能够对生产部门 CO_2 排放量的减少产生较强的驱动作用。

表8-3 CO₂排放影响因素分解结果

年份	生产部门					生活部门					
	能源结构碳强度	能源结构	能源强度	产业结构	GDP	能源结构碳强度	能源结构	能源强度	人均收入	人口结构	人口总量
2000~2003	-13.61	900.24	1810.52	51.57	1399.67	-1.91	-86.70	1.95	162.63	51.85	32.94
2003~2004	13.60	-404.01	-4033.81	65.59	1150.75	1.91	87.14	-201.45	117.54	20.24	9.48
2004~2005	-18.89	546.55	3949.60	-581.74	1166.67	-2.86	-88.87	227.89	80.15	15.54	8.60
2005~2006	-5.32	-2826.24	2083.72	321.82	1554.31	-0.85	-25.33	-18.51	125.67	6.49	10.09
2006~2007	6.09	71.58	-4059.12	44.76	2117.66	0.91	-26.92	-31.12	221.57	3.88	10.34
2007~2008	-96.74	-391.76	778.98	-54.99	2360.33	-5.17	-18.63	-206.72	242.93	2.18	10.27
2008~2010	62.30	419.40	-941.12	-574.59	3981.79	-1.88	13.00	-29.33	372.30	0.00	21.93
2010~2011	5.22	161.04	-1704.91	-1112.73	3860.90	0.81	-15.48	-402.53	297.43	-2.93	11.60
2011~2012	-20.29	138.27	-2446.44	-116.93	2835.52	-2.81	-19.98	-109.74	241.81	-5.60	10.97
2012~2013	-43.93	-269.27	-2192.48	-596.34	2381.57	-6.54	-3.63	-172.76	206.68	-3.68	10.68
2013~2014	-32.07	-103.41	-2467.71	-786.17	1610.60	-5.21	-17.91	-179.11	233.11	-5.05	9.94

表8-4 各因素的 CO_2 排放加法形式累积效应

年份	生产部门					生活部门					
	能源结构碳强度	能源结构	能源强度	产业结构	GDP	能源结构碳强度	能源结构	能源强度	人均收入	人口结构	人口总量
2003	-13.61	900.24	1810.52	51.57	1399.67	-1.91	-86.70	1.95	162.63	51.85	32.94
2004	-0.01	-404.01	-2223.29	117.17	2550.42	0.00	87.14	-199.50	280.16	72.09	42.42
2005	-18.90	546.55	1726.31	-464.58	3717.09	-2.86	-88.87	28.39	360.31	87.63	51.02
2006	-24.22	-2826.24	3810.03	-142.76	5271.40	-3.72	-25.33	9.88	485.98	94.12	61.11
2007	-18.13	71.58	-249.10	-97.99	7389.06	-2.81	-26.92	-21.25	707.56	98.01	71.44
2008	-114.87	-391.76	529.88	-152.99	9749.38	-7.98	-18.63	-227.97	950.49	100.18	81.72
2010	-52.57	419.40	-411.24	-727.58	13731.17	-9.86	13.00	-257.30	1322.78	100.18	103.65
2011	-47.35	161.04	-2116.15	-1840.31	17592.07	-9.05	-15.48	-659.84	1620.21	97.26	115.25
2012	-67.64	138.27	-4562.59	-1957.24	20427.60	-11.87	-19.98	-769.58	1862.01	91.66	126.22
2013	-111.57	-269.27	-6755.06	-2553.58	22809.17	-18.41	-3.63	-942.33	2068.69	87.98	136.90
2014	-143.64	-103.41	-9222.77	-3339.75	24419.76	-23.62	-17.91	-1121.44	2301.80	82.93	146.83
累计贡献度/%	-1.44	-17.65	-92.64	-33.55	245.28	-2.00	-17.18	-94.78	194.54	7.01	12.41

第二，生活部门能源结构贡献。

2000~2014 年间，生活部门能源结构碳强度的累计贡献度为-17.18%。这主要是因为碳排放系数较大的电力和原煤，所占能源比重分别从 15.48% 上升到 35.2% 和 77.03% 下降到 32.22% 双重作用下产生的微弱减缓作用。同时也体现了云南省在 2000~2014 期间，生活部门的能源结构发生了重大的变化，对原煤的使用大幅度下降。此外，汽油、柴油、液化石油气三种能源所占结构比重也有一定幅度的上升趋势。

8.2.5.2 能源结构碳强度效应

根据部门类别，由生产部门能源结构碳强度和生活部门能源结构碳强度构成能源结构碳强度。基于二次能源（电力、热力）以外的其他 15 种能源的碳排放系数保持不变，因此主要由二次能源（电力、热力）排放因子的变化来反映能源结构碳强度效应对云南省终端能源消费 CO_2 排放量增长的贡献。

第一，生产部门能源结构碳强度贡献。

2000~2014 年间，生产部门能源结构碳强度在累计贡献度为-1.44%。说明在此周期内，生产部门能源结构碳强度对 CO_2 排放量有很小的抑制作用。在 2003~2004 年、2006~2007 年、2008~2010 年及 2010~2011 年这四个阶段，生产部门能源结构碳强度的 CO_2 排放量贡献度分别为 13.6 万吨、6.09 万吨、62.3 万吨和 5.22 万吨。其中 2003~2004 年、2006~2007 年、2010~2011 年主要来自工业部门电力能源的影响，同期间分别贡献 11.69 万吨、5.36 万吨和 4.57 万吨的 CO_2 排放量。而 2008~2010 年则主要受其他部门电力能源的影响，贡献了 73.01 万吨的 CO_2 排放量。这些贡献度变化与电力排放因子与终端承担比率的乘积有关。

第二，生活部门能源结构碳强度贡献。

2000~2014 年间，生活部门能源结构碳强度的累计贡献度为 2.00%，对 CO_2 排放量有极小的抑制作用，弱于生产部门。其中，2003~2004 年、2006~2007 年及 2010~2011 年间，生活部门能源结构强度的 CO_2 排放量贡献率分别为 1.9 万吨、0.91 万吨和 0.81 万吨。其原因参考生产部门。

8.2.5.3 能源强度效应

能源强度效应主要由生产部门能源强度和生活部门能源强度构成。在节能技术的发展推动下，各类能源利用率逐渐升高，能源强度随之降低[148]。在同等条件下，能源强度降低，将减少 CO_2 排放量。从而对 CO_2 排放总量产生负向驱动作用[149]。

第一，生产部门能源强度贡献。

2000~2014年间，生产部门能源强度的累计贡献度达到-92.64%，减少9222.77万吨CO_2排放量，是生产部门减缓CO_2排放最为关键的驱动因素。从六大生产部门角度来看，工业部门能源强度降低幅度最高，农牧业、建筑业和其他部门的能源强度也均呈下降趋势，而同期交通部门整体呈较大幅度的增长趋势，在2010年达到峰值，后有所下降，批发部门则呈小幅度增长趋势。在2000~2003年、2004~2005年、2005~2006年及2007~2008年期间，生产部门能源强度对CO_2排放量的增长有促进作用，主要是由于工业部门的电力、焦炭、原煤、交通部门的汽油、柴油能源强度较上一年大幅度增长所导致。因此可以得出，实现CO_2减排主要依靠技术进步带来的能源强度降低，而能源强度降低中又以工业部门的原煤、焦炭、电力及交通部门的汽油、柴油等CO_2高排放量的能源为主。

第二，生活部门能源强度贡献。

2000~2014年间，生活部门能源强度在累计贡献度达到-94.78%，是生活部门最主要的负向驱动因素。说明在此周期内，生活部门能源强度对CO_2排放量有较大的抑制作用。究其原因，是城镇和乡村的原煤能源强度有较大的下降所引起的减缓作用。

8.2.5.4 人口效应

将人口效应分为人口总量和人口结构，分析人口变化对于CO_2排放量的影响作用。

第一，人口总量贡献。

2000~2014年间，人口总量额累计贡献度为12.41%。从2000~2003年贡献了32.94万吨，到2013~2013期间贡献了9.94万吨，虽然对CO_2排放有较小的驱动作用，但趋势明显逐年减缓。

第二，人口结构贡献。

2000~2014年间，人口结构（即城镇化）的累计贡献度为7.01%。城镇化进程虽然整体上小幅度推动了CO_2排放量的增长，但趋势逐年下降，从2010年以后各时间段，人口结构开始对CO_2排放量产生减缓作用，且减缓作用逐年小幅度增长。

8.2.5.5 经济效应

根据经济在不同方面的体现，将经济效应分为生产部门产业结构、生产部门GDP和生活部门人均收入三个方面。

第一，生产部门产业结构贡献。

2000~2014年间，生产部门产业结构的累计贡献度为-33.55%，成为云南省减缓CO_2排放量的第二大驱动因素。工业部门能源消费占能源消费总量比重从

2000 年的 79.68% 减少到 73.26%，可以看出工业部门始终占据了能源消费总量的主要地位。而工业部门的产值占云南省 GDP 的比重如果下降，则将会导致能源消费总量减少，从而达到 CO_2 减排效果。2000~2014 年，第一、二产业的产值占总产值比重均呈下降趋势，同期第三产业的产值比重逐年上升，其中工业产值比重由 36.28% 降低为 30.41%，产业结构调整对减排起到了一定的积极作用。

第二，生产部门 GDP 贡献。

2000~2014 年间，生产部门 GDP 额累计贡献度高达 245.28%。实证结果显示，生产部门 GDP 成 CO_2 排放量增长的第一驱动因素，远高于其他驱动因素。GDP 贡献的 CO_2 排放量在 2008~2010 期间达到峰值 3981.79 万吨，后效应逐渐减弱。

第三，生活部门人均收入贡献。

2000~2014 年间，生活部门人均收入的累计贡献度为 194.54%，为生活部门最主要的驱动因素。2014 年城镇和乡村居民人均年收入分别较 2000 年增长 662.92% 和 326.16%。随着居民生活质量的改善，能源消费的需求也随之上升，因而对 CO_2 排放量产生了推动作用。

8.2.6 对策和建议

通过对二次能源（电力、热力）CO_2 排放系数间接测算、一次能源 CO_2 排放系数测算，并以 17 种（含电力、热力）终端能源，分八大部门来构建 2000~2014 年云南省 CO_2 排放总量测算模型，以 LMDI 1 分解法将 CO_2 排放量分解为 11 个驱动因素进行研究。根据 CO_2 排放总量来看，生产部门始终为 CO_2 排放量主要来源，也是节能减排的关键部门。生产部门正向驱动因素为：GDP（累计贡献度 245.28%）；负向驱动因素为：能源强度（-92.64%）、产业结构（-33.55%）、能源结构（-17.65%）、能源结构碳强度（-1.44%）。生活部门正向驱动因素为：人均收入（194.54%）、人口总量（12.41%）、人口结构（7.01%）；负向驱动因素为：能源强度（-94.78%）、能源结构（-17.18%）、能源结构碳强度（-2.00%）。

总结 2000~2014 年云南省终端能源消费 CO_2 排放量趋势及驱动因素分解分析，提出相应对策及建议：

（1）加大科技研发力度，提高能源利用率。不论是生产部门还是生活部门，云南省减排第一驱动因素均为能源强度的下降。而与其他省份相比，云南省仍处于能源强度较高的阶段，具有较大的减排潜力。能源强度的下降，主要依赖于科技进步和节能技术开发，体现出科技进步是实现低碳发展的最主要路径。针对生产部门始终为碳排放主要来源这一情况，云南省减排的重点仍在于加快研究节能技术的进度，提高能源的使用率。应加大推动节能技术进步和减排方案实施，用

科技促进原始产业的调整及产品生产效率的提升，带领未来能源技术向经济化、绿色化、高效化、清洁化发展。

（2）发展绿色公交体系，提倡低碳生活。研究阶段内，交通部门的能源强度在大幅度增长，主要与汽油、煤油和柴油这三种传统燃料有关，今后需要提高交通新能源的比例，鼓励城市发展绿色公共交通，全面落实公交优先战略。大力发展绿色公共交通体系，能够积极引导公众低碳生活，也能够有效减少交通部门的传统能源消耗。目前云南省城市公交体系仍需要大力倡导和完善，应加快城市轨道交通和快速交通系统建设的步伐，推广应用绿色节能的运输交通工具，打造低碳城市交通建设。

（3）调整产业结构，落实减排责任评价体系。从分析中看出，云南省产业结构调整在 2000～2012 年间累计减少 786.17 万吨 CO_2 排放，仅次于能源强度减排的力度，是今后实施节能减排措施所要关注的一大重点。目前云南省高能耗行业的能源消费总和占工业部门能源消费的比重高达 94%，这也是造成云南省能源强度较其他省份略高的主要原因。因此，产业结构转型过程中应将高耗能行业作为重点，遵循低碳发展原则，推动低能耗、低排放为基础的低碳化工业转型，构建节能减排目标责任评价体系，严格监督高耗能行业发展，积极发展绿色环保型行业，将有效地大减少能源消费的消耗。

（4）优化能源品种结构，推广清洁能源使用。2000～2014 年期间，云南省生产部门能源结构在焦炭及电力能源的调整下，累计减排 103.41 万吨 CO_2 排放。生活部门的能源结构减排主要依靠原煤消费比例的下降。化石能源使用的减少，是采用新能源及清洁能源的良好开端。针对其他部门，尤其以工业部门为主，需要减少原煤的使用。云南省风能资源极为丰富，在今后开发新能源过程中，应加大风能的开发力度和使用普及性，适当减少煤炭能源的产量，发挥出省内的清洁能源优势，扩大清洁能源的适用范围。

8.3 云南省减排重要产业的分析及选择

生产部门始终为碳排放量的主要来源，也是节能减排的关键部门，就生产部门而言，节能减排最重要的因素为能源强度和产业结构。本章重点针对生产部门的碳排放强度分产业分解分析，确定云南省减排重要产业，从而对云南省节能减排工作提供有效的建议。

8.3.1 产业碳排放强度

如表 8-5 所示，观察得出，2014 年交通运输业的碳排放强度最高，达到 7.76t/万元，其次工业碳排放强度为 3.39t/万元，都超过了云南省碳排放强度平均水平 1.48t/万元，远高于农业 0.28t/万元、建筑业 0.24t/万元、批发零售业

表8-5 2000~2014年云南省分产业碳排放强度

年份	碳排放强度/t·万元⁻¹						
	农业	工业	建筑业	交通运输业	批发零售业	其他	平均水平
2000	0.67	5.48	0.51	2.91	0.22	0.35	2.96
2003	0.59	7.48	0.72	5.09	0.34	0.31	3.83
2004	0.87	3.79	0.33	1.74	0.22	0.24	2.13
2005	0.93	6.43	3.24	3.29	0.46	0.28	3.25
2006	0.83	8.52	0.75	7.77	0.51	0.24	4.03
2007	0.74	5.44	0.68	7.27	0.54	0.19	2.87
2008	0.56	6.31	0.66	6.70	0.52	0.18	3.04
2010	0.54	5.59	0.55	9.76	0.51	0.18	2.77
2011	0.39	5.10	0.49	9.76	0.48	0.17	2.35
2012	0.33	4.43	0.38	8.58	0.50	0.16	2.06
2013	0.48	3.77	0.99	7.44	0.46	0.14	1.80
2014	0.28	3.39	0.24	7.76	0.35	0.12	1.48

0.35t/万元及其他行业0.12t/万元。工业作为云南省主要产业，工业增加值为云南省GDP的30.41%，工业碳排放量占总比高达69.84%。而交通运输业增加值为云南省GDP的2.25%，碳排放量占总比却达到11.81%，仅次于工业碳排放量占比。因此能够看出，云南省碳排放量及碳排放强度居高不下的主要原因是由于工业和交通运输业的大量碳排放。

云南省碳排放强度总体呈降低态势，2000年云南省碳排放强度为2.96t/万元，2014年减少为1.48t/万元，减少幅度达到50%。其他行业碳排放强度的减少幅度最高，达到64.91%，其次农业，减少幅度58.26%，而工业、建筑业的减少幅度则为38.02%和53.23%。与此同时，交通运输业以及批发零售业的碳排放强度却呈增长趋势，增长幅度分别为166.1%及57.1%。总结来看，云南省工业碳排放强度高、减少幅度低，同时交通运输业及批发零售业呈大幅度增长趋势，极大程度上影响了云南省总体碳排放强度的减少。

8.3.2 碳排放强度产业分解分析

2000~2014年期间，云南省各产业碳排放强度走向及变化幅度各不相同，因而各产业对云南省总体碳排放强度的作用程度也有一定区别。本节基于进一步研究六大产业碳排放强度对于云南省总体碳排放强度减少的作用力大小，引入产业分解模型，见式（8-10）。

$$L_i = \frac{Y_i^n(G_i^{n-1} - G_i^n)}{\sum_{i=1}^{n} Y_i^n(G^{n-1} - G^n)} \tag{8-10}$$

式中，L_i 为 i 产业碳排放强度减少对云南省碳排放强度减少的贡献率；Y_i 为 i 产业增加值；G_i 为 i 产业碳排放强度。则式中分子代表 $[n-1, n]$ 期间云南省 i 产业碳排放强度变化所造成的碳排放量，分母代表 $[n-1, n]$ 期间云南省不同产业碳排放强度变化所造成生的碳排放量。

云南省分产业对碳排放强度变化的贡献率，见表8-6。

表8-6　云南省分产业对碳排放强度变化的贡献率

年 份	贡献率/%					
	农业	工业	建筑业	交通运输业	批发零售业	其他行业
2000~2003	-1.72	82.31	1.63	17.50	1.15	-0.86
2003~2004	-3.58	84.92	1.80	15.40	0.61	0.85
2004~2005	1.00	72.91	17.71	6.00	1.52	0.86
2005~2006	-2.57	102.33	-26.51	27.60	0.57	-1.42
2006~2007	1.41	95.23	0.44	1.82	-0.21	1.31
2007~2008	-12.49	123.01	-0.44	-8.80	-0.64	-0.65
2008~2010	2.24	135.15	5.06	-42.98	0.43	0.11
2010~2011	11.08	77.67	2.56	5.79	1.62	1.27
2011~2012	3.88	86.07	3.92	6.27	-0.79	0.64
2012~2013	-14.91	128.81	-37.36	16.14	2.26	5.07
2013~2014	13.37	48.33	34.79	-3.06	4.59	1.98

由表8-6可知，2013~2014年，工业为云南省碳排放强度的减少过程中最主要因素，贡献率为48.33%，其次是建筑业，为34.79%，其他行业对云南省碳排放强度减少的贡献率最低，仅为1.98%，这是因为其他行业的碳排放强度较低，减少幅度不明显。交通运输业对云南省碳排放强度下降则起反作用，为-3.06%。

2000~2014年期间，云南省的工业部门对云南省碳排放强度的降低贡献率始终保持主导地位，贡献率整体呈下降趋势。因而得出，云南省碳减排的工作主要在工业产业，落实工业碳减排相关措施为云南省碳减排的核心要素。云南省正位于工业化迅速发展当中，工业发展作为云南省经济发展中的主要依靠，工业增加值和碳排放量占总比均属于各产业中最高，工业对碳排放强度的减少占据重要地位。在云南省推动低碳发展道路中，切实做好工业碳减排工作是关键。

云南省的建筑业对云南省碳排放强度降低的贡献率逐渐升高，显示出建筑业在减排上的潜力较大，因此，加强建筑业的减排进度也是云南省低碳发展中应当关注的部分。而建筑业增加值在六大产业中并不高，贡献率高的原因主要在于建筑业碳排放强度降低幅度较明显。建筑业碳减排主要在于转变建筑业发展方式，重视建筑业技术能力的提升，将发展模式趋向绿色化，使用绿色无污染的建筑用料，打造低碳节能的建筑环境，扩大循环资源的利用。建筑业在施工进度中，应注重科学管理，提升创新手段，对建筑施工产生的垃圾实行循环利用，以达到建筑整体环节的碳减排效果。

云南省农业对云南省碳排放强度降低的贡献率位于建筑业之后，这是由于农业碳排放强度减少幅度较大。2000～2014年期间，云南省农业增加值稳步上升，而碳排放量增长并不明显，并有逐渐降低趋势，因此云南省农业碳排放强度下降幅度较大。即便云南省农业增加值和对碳排放强度降低的影响均较少，仍具有较高的节能减排潜力，应满足云南省低碳发展的需求，努力加强农业减排力度。农业减排主要在于改进农业技术水平，采用先进设备，以此提高能源和资源的利用率，并且扩大清洁能源，如风能、太阳能等的使用范围发展。另外值得重视的另一方面，是农用化工产品大多都是高耗能产品，应推广有机、绿色农用化工产品的使用。

批发零售业和其他行业对云南省总体碳排放下降的贡献率较小，其中，其他行业属于云南省的重要产业，产业增加值较高，减排潜力较大，加强现其他行业的碳减排，能够为云南省的节能减排带了较大的推动作用。其他行业主要由生活消费有关产业构成，产业增加值与碳排放量都占云南省总体较大比例，降低其他行业的碳排放，重点在于引导人们形成绿色消费观，重视生活消费品的循环利用，提高节能产品的使用。

交通运输业在2000～2014年期间多个阶段对云南省碳排放强度的下降起反作用，也就是说一定程度上阻碍了云南省碳排放强度的进一步降低。和其他产业相比，其他五个产业的碳排放强度均总体呈降低态势，而交通运输业则趋于不稳定反弹升高。说明云南省交通运输业并不符合整体经济低碳化的趋势，是今后云南省减排工作中需要加强重视的部分，具有较大的减排潜力，应积极加强云南省交通运输业的减排进程。

8.3.3　碳排放强度产业差异分析

选用碳排放强度程度 Theil 指数法研究云南各产业的碳排放强度的差异性。Theil 指数法为 Theil 和 Henri 在 1967 年研究得出，用来衡量不同区域之间经济发展进度的差异。Theil 系数越靠近于 0，意味着差异化越小；反之，则代表差异化越大。

Theil 系数的计算公式见式（8-11）。

$$T = \sum_a \left(\frac{C_a}{P}\right) \lg\left(\frac{C_a/C}{Y_a/Y}\right) \tag{8-11}$$

式中，T 为 Theil 指数；C_a 为 a 产业碳排放量；C 为云南省碳排放总量；Y_a 为 a 产业增加值；Y 为云南省生产总值。计算结果见表 8-7。

表 8-7　2000~2014 年云南省碳排放强度 Theil 指数

年　份	泰尔指数	年　份	泰尔指数
2000	0.2173	2008	0.2620
2003	0.2397	2010	0.2714
2004	0.1805	2011	0.2926
2005	0.2081	2012	0.2918
2006	0.2641	2013	0.2528
2007	0.2398	2014	0.3249

由表 8-7 得出，2000~2014 年，云南省各产业碳排放强度 Theil 指数逐年加大，显示出云南省产业间碳排放强度差异不断变大，究其原因在于工业跟交通运输业的碳排放强度变化幅度较其他四个产业差异较大。产业间碳排放强度的差异度加大，是因为工业碳排放强度下降幅度小并且较为缓慢，同时交通运输业碳排放强度反而呈大幅度提高，由此造成这两个产业与其他产业碳排放强度之间的差异在持续加大。总结得出，云南省工业与交通运输业极大程度上对云南省总体碳排放强度的进一步减少造成了负向作用，值得引起减排工作的重点关注。

云南省目前依赖于工业发展，同时产业内部基本由高耗能产业支撑。云南省位于我国西南地区，受地理位置和资源环境限定，新兴技术产业比重较小，新兴产业基本为低耗能高产出的产业，区别于高耗能低产出的传统产业，重点提高新兴产业在总产业中的份额，有利于推动云南省经济快速发展，也有利于云南省碳减排工作的进行，以降低工业产业内部的高碳排放。云南省应加强改进工业产业内部构成比例，将高耗能传统产业和新兴技术产业的比例逐步调整，优先发展新兴技术产业，同时推动清洁能源的广泛使用。

在云南省经济发展的推动下，云南省的交通运输业快速进步，而由此带来的，还有碳排放强度的不断升高。云南省的运输数量随之大幅度增加，汽车能源的大量消耗使得碳排放量呈大幅度增长，汽车排气也引起了生态破坏。云南省应当加强交通运输能源利用技术，调整交通运输业能源的结构比例，鼓励居民绿色出行，建立绿色交通体系；此外，应调整交通运输结构，合理规划公路、水路、铁路以及民航运输，严格把控交通运输业的碳排放量，积极减少交通运输业碳排放强度。

8.3.4 减排重要产业的选择研究

8.3.4.1 工业

2000~2014 年期间，工业碳排放强度虽呈降低态势，然而并不明显，截至 2014 年，工业碳排放强度依旧居高不下，在云南省六大生产部门中仅次于交通运输业，超过了云南省平均水平。工业部门对云南省碳排放强度减少的贡献率始终保持重要地位，意味着云南省的减排工作重心为切实做好工业减排措施。除此以外，工业部门碳排放下降幅度小、速度慢是导致云南省产业间碳排放强度差异增大的主要原因，为云南省总体碳排放强度减少带来较大负向作用。重点针对工业，进行减排重要产业的研究分析。

A 能源消费结构

如图 8-2 所示（略去部分碳排放量极少的能源品种），2000~2012 期间，工业的碳排放量保持增加态势，2012~2014 年期间，开始逐渐下降。工业碳排放量的产生重点聚集于原煤、焦炭和电力能源消费。其中，原煤能源消费产生的碳排放量占总比最大，并基本保持增长趋势，是引起工业碳排放量上升的关键原因。电力能源消费产生的碳排放在 2011 年开始呈减少态势，且减少幅度较大，为 2012 年工业碳排放开始逐渐减少的重要原因。焦炭产生的碳排放量在 2008~2014 年阶段保持较稳定趋势，变化不大。

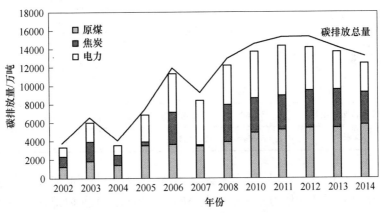

图 8-2 2000~2014 年云南省工业能源结构碳排放量

结果表明，云南省工业主要依赖于原煤能源的消耗，而保持电力能源消费的下降趋势有利于工业碳排放量的持续下降。今后节能减排工作中，应重点调整工业部门的原煤能源消费结构，减少原煤能源的使用。焦炭能源消费产生的碳排放量虽然较为稳定，但仍占工业碳排放总量的较大比例，需要进一步调整焦炭能源消费，以达到工业部门的减排效果。

B 产业内部结构

云南省工业能源消费由 2000 年占总比 67.65% 上升到 2014 年的 69.53%，基本保持持续上升趋势。由此可知，工业能源消费占据云南省能源消费总量主导地位，且持续上升。在工业产业内，能源消费主要聚集于部分高耗能产业。从表8-8 得知，2014 年云南省十大高耗能产业的能源消费占全省总比高达 65.75%。而这些高耗能产业均为工业产业内部，合计占工业能源消费的 94.56%。此间，黑色金属冶炼及延加工业、化学原料及化学品制造业以及非金属矿物制品业三大产业占能源消费总量比例均超过 10%。因此可以得出，工业内部产业的能源消费相当聚集，工业部门内的产业也较为聚集。除此以外，十大高耗能产业基本属于加工制造业和采选业，这些工业产业均存在高耗能、高污染的性质。

表 8-8 2014 年云南省十大高耗能产业的能源消费

产　业	能源消费量/万吨	产业增加值/亿元	能耗指标/万吨·亿元$^{-1}$	占工业能源消费量比重/%	占全部能源消费量比重
黑色金属冶炼及压延加工业	1897.77	141.73	13.39	26.11	18.15
化学原料及化学品制造业	1469.80	173.16	8.49	20.21	14.06
非金属矿物制品业	1105.91	136.83	8.08	15.21	10.58
电力、热力的生产和供应业	812.37	509.68	1.59	11.74	7.77
有色金属冶炼及压延加工业	768.30	319.46	2.40	10.57	7.35
煤炭开采和洗选业	320.16	127.81	2.50	4.4	3.06
石油加工、炼焦及核燃料加工业	203.14	34.19	5.94	2.79	1.94
黑色有色矿采选业	113.29	60.21	1.88	1.56	1.08
有色矿采选业	101.52	112.18	0.90	1.4	0.97
农副食品加工业	81.62	131.58	0.62	1.12	0.78
合　计	6873.88	1746.83	—	94.56	65.75

单位能耗一般用于体现能源消费水平和节能降耗状态，通能源消费量与产业增加值的比值来测算，作为能源利用效率的一项指标。工业内部，主要以黑色金属冶炼及压延加工业、化学原料及化学品制造业、非金属矿物制品业以及石油加工、炼焦及核燃料加工业四大产业的能耗指标较高，均超过 5t/亿元，远高于其他六大高耗能产业。

黑色金属冶炼及压延加工业、化学原料及化学品制造业以及非金属矿物制品业三大产业不仅是云南省主要能源消费产业，其能耗指标也远高于其他行业，减排潜力巨大，为云南省减排重要产业。

8.3.4.2　交通运输业

通过前三节可以得知，截止到 2014 年，交通运输业已成为云南省六大产业中碳排放强度最高的产业，并且在 2000～2014 年多个阶段阻碍了云南省碳排放强度的降低，也就是说一定程度上阻碍了云南省碳排放强度的进一步降低，这在云南省低碳发展过程中，并不符合云南省经济低碳化的要求。2000～2014 年期间，交通运输业的碳排放强度不仅未呈降低态势，反而大幅度提高，并且导致云南省产业间碳排放强度差异度越来越大，非常不利于云南省今后的减排工作进行。因此，除工业部门内能耗集中的高耗能产业，交通运输业也是减排重要产业需要研究的重点。

如图 8-3 所示（略去部分碳排放量几乎为零的能源品种），2000～2014 期间，交通运输业碳排放量呈保持增长态势，其中柴油能源消费的碳排放量占据了重要比例，并保持大幅度上升态势，为引起交通运输业碳排放量增加的重要原因。同一阶段，汽油及煤油能源消费分别产生的碳排放量也有逐渐缓慢上升趋势。另一方面，电力和原煤能源消费分别产生的碳排放量占总量比例均较少，且都呈先升高后降低的趋势。

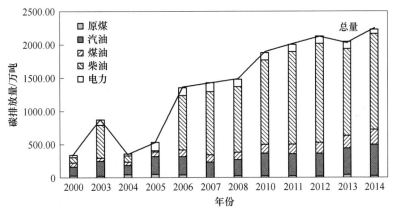

图 8-3　2000～2014 年云南省交通运输业能源结构碳排放量

因此，可以看出，云南省交通运输业的发展主要依靠于柴油能源的消耗，在今后的节能减排工作中，应调整柴油能源的使用，交通运输能源利用技术，调整交通运输业能源使用结构，发展绿色交通，以此控制交通运输业碳排放量。

8.4　本章小结

（1）根据 CO_2 排放总量来看，生产部门始终为 CO_2 排放量主要来源，也是节能减排的关键部门。

（2）生产部门的正向驱动因素为 GDP（累计贡献度 245.28%）。

（3）生产部门的负向驱动因素为：能源强度（-92.64%）、产业结构（-33.55%）、能源结构（-17.65%）、能源结构碳强度（-1.44%）。

（4）根据各产业贡献率，发现工业和交通运输业是云南省碳强度高的两大主要产业。

（5）运用泰尔（Theil）指数法研究发现，云南省产业间碳排放强度变化差异程度，发现云南省行业间碳排放强度的差异性逐渐加大。

 # 9 基于农田系统净碳汇的碳补偿

采用生态系统 *NEP* 纬度变化规律进行区域生态系统碳承载力的测算时，假设单位面积子系统的碳承载力是恒定不变的。该方法的优点是能较快捷地估算农田系统的碳承载力，但是也存在以下不足。

第一，农田生态系统是开放程度较高的系统。农作物的播种、生长、收获投入了大量的人力、物力，包括农业机械、柴油、化肥、农药、薄膜等。采用生态系统 NEP 纬度变化规律虽然能反映农田的净碳汇，但是不能动态地反映农田生态系统年度碳汇、碳源、净碳汇的时空变化趋势。

第二，难以反映农田系统碳源、碳汇、净碳汇受自然灾害的影响。

第三，难以反映农田系统碳汇和碳源的变化趋势，不利于政府制定发展低碳农业的政策。

因此，采用农作物全生育期的碳源、碳汇的测算比采用生态系统 *NEP* 纬度变化规律估算净碳汇，更有利于提高农田碳补偿的科学性，更有利于政府决策部门制定低碳农业的保障措施和制度。

9.1 云南省农田生态系统及其碳源、碳汇界定

9.1.1 云南省农田区位特征

作为全国首批低碳试点地区和主要的无公害优势农产品出产基地的云南省，位于祖国的西南边陲，地跨东经 $97°31′\sim106°11′$，北纬 $21°8′\sim29°15′$，素有"植物王国"、"动物王国"的美称。云南省是我国西南边陲地区最典型的山区省份之一，山地面积约占土地总面积的 84%，高原约占 10%，盆地（云南俗称坝子）仅占 6% 左右（贺一梅等，2008 年）。

据《关于云南省第二次全国土地调查主要数据成果的公报》，2009 年云南省有农田 $624.39×10^4hm^2$。按照坡度分，坡度在 $2°$ 以下、$2°\sim6°$、$6°\sim15°$、$15°\sim25°$ 和 $25°$ 以上的农田面积分别为 $92.58×10^4hm^2$、$69.95×10^4hm^2$、$181.40×10^4hm^2$、$189.70×10^4hm^2$ 和 $90.76×10^4hm^2$。按照浇水的便利性和可操作性分，旱地（含望天田）$473.90×10^4hm^2$，占农田总面积的比值为 75.90%；水田和水浇地的和仅仅为 $150.49×10^4hm^2$，占农田总面积的比值为 24.10%。旱地中，望天田约 $20×10^4hm^2$。云南省岩溶地域的石漠化坡耕地面积为 $78.5×10^4hm^2$，石漠化坡耕地中的旱地占 88.6%，中度及以上石漠化坡耕地占 75.8%[150]。

云南省是石漠化最为严重的地区。2011 年，石漠化土地和潜在石漠化土地分别为 $284.0×10^4 hm^2$ 和 $177.1×10^4 hm^2$，分别占监测区岩溶土地面积的 35.7% 和 22.3%。干旱、暴雨、大风等自然灾害是石漠化加剧的原因之一。2010 年，云南省经历的百年大旱一定程度上加重了旱地的石漠化，农田的石漠化土地面积较 2005 年增加了 $7.4×10^4 hm^2$。

近年来，城市化的建设、高速公路、高铁的修建，导致水田面积减少、旱地面积增加。

9.1.2 数据来源

云南省主要农作物产量、播种面积，农田生产过程投入的化肥使用量、农膜使用量、农药使用量、有效灌溉面积、柴油使用量等数据，均来自 2001～2015 年《云南统计年鉴》和《中国农村统计年鉴》。

9.1.3 农田碳汇和碳源的界定与分类

9.1.3.1 碳汇

碳汇主要是指从大气中除去 CO_2 的过程、活动和机制。农田碳汇分农作物本身固碳和土壤固碳两部分。农作物固碳是指作物经过光合作用吸收 CO_2，并形成有机物，把碳保存在农作物体内的过程。土壤中的碳分有机碳和无机碳，无机碳比较稳定，有机碳不稳定，关于土壤固碳的研究一般围绕土壤有机碳展开。土壤固碳是指土壤经过生物和非生物捕抓空气中的碳并将其存入其中。

农田碳汇包括农作物固碳和土壤固碳。农田碳源包括生产过程投入的碳排放和土壤呼吸产生的碳排放。云南省的农作物以稻谷、小麦、玉米、豆类、薯类、其他粮食作物、花生、油菜籽、烟叶、甘蔗和蔬菜在内的 11 种农作物为主。

9.1.3.2 碳源

碳源主要是指向大气中排放 CO_2 的过程、活动和机制。生产过程投入的碳排放来源于施肥、喷洒农药、灌溉等农田管理，其目的是确保作物丰产和碳汇增加。土壤呼吸是指未受干扰土壤排放的 CO_2 的全部代谢影响，分为土壤动物、土壤微生物、植物根系呼吸在内的 3 个生物学过程和土壤含碳矿物质的氧化作用在内的非生物学过程。不同生态系统的土壤呼吸作用差别巨大，总的来说，草地土壤＜农田土壤＜森林土壤[151]。

在农田生产过程中投入的主要是农用化肥生产和使用，包括氮肥、磷肥、钾肥和复合肥，农膜生产和使用，农业灌溉耗用的化石能源，农药生产和使用，农用柴油使用，农业机械使用[152]。其中，农田机械使用的碳排放来源于机械使用过程中的能源消耗。燃烧秸秆和翻耕土地也会释放部分二氧化碳，其占农田生产过程碳排放和土壤呼吸碳排放的和的比值不超过10%。基于此，计算农田碳源总量时，忽略燃烧秸秆释放和土壤翻耕释放的二氧化碳。

9.2　云南省农作物碳吸收量估算

9.2.1　计算方法

学界对于农作物碳吸收量的测算方式一般有三种：

（1）通过农作物的净初级生产力（NPP）进行估算；

（2）经过测算农作物单位面积碳净吸收量，再与相应的面积相乘；

（3）通过农作物的光合作用化学式。

第一种方法应用最为普遍，其基本思想是利用各种农作物的收获产量、含水率、碳吸收率、经济系数等，测算区域农田农作物的碳吸收量。其计算公式见式（5-7）。

9.2.2　计算结果

由图9-1可知，2000～2014年，云南省主要农作物碳吸收量的变化范围为$2076.98×10^4$～$2880.72×10^4$t，呈波动递增趋势，年均增长率约为2.40%。2000～2010年，云南省主要农作物碳吸收量增长较慢，年均增长率为0.85%；2011～2014年增长较快，年均增长率为6.26%。2005年和2010年的碳吸收量较2005年和2009年呈现明显的下降趋势，它是严重干旱导致农作物的产量减少的结果。

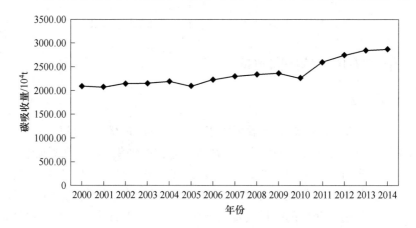

图9-1　2000～2014年云南主要农作物碳吸收量的变化趋势

9.3 云南省农田生产过程投入产生的碳排放量

9.3.1 计算方法

农田生产过程投入产生的碳排放量的计算，通常根据投入品的使用量与投入品对应的碳排放系数进行。该方法和 IPCC 使用的方法相似，其计算见式（5-8）。

9.3.2 估算结果

由图 9-2 可知，云南省农田生产过程投入碳排放量从 2000 年的 202.63×10^4t 增加到 2014 年的 377.62×10^4t，逐年增长，年均增长率为 4.56%。2014 年，云南省农田化肥的生产和使用产生的碳排放量占比是 60.03%，氮肥、复合肥、磷肥和钾肥占比分别是 52.20%、5.58%、1.46%、0.79%；农膜占比是 15.22%；柴油占比是 13.31%；农药占比是 7.48%；农机占比是 3.02%；灌溉占比是 0.93%。

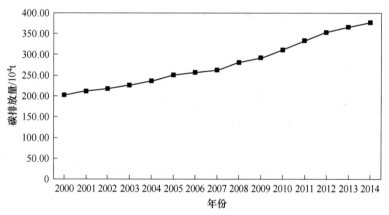

图 9-2　2000~2014 年云南农田投入碳排放量的变化趋势

9.4 云南省农田土壤净固碳量

9.4.1 计算方法

农田净固碳量 = 乳糖固碳 - 土壤呼吸的碳排放量

土壤固碳（土壤有机碳储量），一般采用重铬酸钾氧化外源加热法测算。

土壤呼吸碳排放量的测算方式有直接法和间接法两种。间接法需要构建回归模型，有较大的时空限制性。直接法分为动态气室法、微气象法和静态气室法，动态气室法容易造成测出的碳排放量高于实际值；微气象法测定农田呼吸碳排放量难度高；静态气室法在农田土壤呼吸碳排放量的测算的时候经常被采用。静态气室法又分为静态封闭气室法和静态碱液吸纳法，经过实验测出土壤呼吸速率。

我国学界对农田土壤固碳和土壤呼吸碳排放量展开了较广泛的研究。根据梁二等使用我国前两次土壤普查数据，联合许多学者调查资料和田间实验数据估算农田土壤碳源/汇潜力，将云南省农田年均土壤固碳速率确定为 7.283t/hm²[153]。依据江国福等（2014 年）[154]整合的 2000~2012 年中国农田土壤呼吸的主要研究成果，分析了包括了西南在内的 5 个典型农业区土壤呼吸的变化，将云南省农田年均土壤呼吸速率确定为 6.828t/hm²。

9.4.2　计算结果

由表 9-1 可知，2000~2014 年，云南省农田土壤固碳量呈现一定的下降趋势，年均下降比值为 0.14%；土壤呼吸碳排放量也呈现较稳定的下降趋势，年均下降比值为 0.14%。土壤净固碳量虽然为正值，但也表现出了稳定的下降趋势，年均下降幅度为 0.14%。

表 9-1　云南省农田土壤固碳量、呼吸碳排放量和净固碳量　　（10⁴t）

年份	土壤固碳量①	土壤呼吸碳排放量②	土壤净固碳量③
2000	4617.20	4328.75	288.45
2001	4610.07	4322.06	288.01
2002	4587.49	4300.89	286.6
2003	4506.14	4224.62	281.52
2004	4456.90	4178.46	278.44
2005	4438.55	4161.26	277.29
2006	4438.55	4161.26	277.29
2007	4422.53	4146.23	276.3
2008	4426.46	4149.92	276.54
2009	4547.43	4263.33	284.1
2010	4422.31	4146.03	276.28
2011	4422.31	4146.03	276.28
2012	4422.31	4146.03	276.28
2013	4529.88	4246.88	283
2014	4522.60	4240.05	282.55

注：③=②-①。

9.5　云南省农田净碳汇量

农田生态系统净碳汇量=（主要农作物碳吸收量+土壤净固碳量）-农田生产

过程投入的碳排放量。

云南省农田单位面积净碳汇量等于净碳汇量除以耕地面积。

2000~2014 年，云南省农田净碳汇量的变化范围是 2125.67×10⁴~2785.65× 10^4 t，呈波动增长趋势，年均增长率为 1.86%。其中，2000~2010 年增长较慢，年均增长率为 0.30%；2011~2014 年增长较快，年均增长率为 5.78% （见图 9-3）。

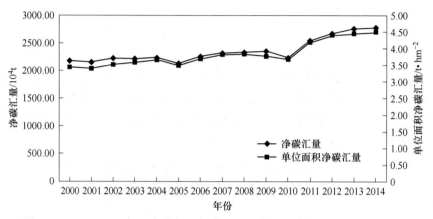

图 9-3 2000~2014 年云南省农田净碳汇量和单位面积净碳汇量的变化趋势

2000~2014 年，云南农田单位面积净碳汇量变化趋势与净碳汇量变化趋势基本相近，其变化范围是 3.40~4.49t/hm²，年均增长率为 2.01%。其中，2000~2010 年，年均增长率 0.72%；2011~2014 年，年均增长率为 5.23%。

9.6 云南省农田碳补偿机制的框架

农田碳补偿是农业生态补偿的重要组成部分。农田碳补偿机制主要包括补偿主客体，补偿原则，补偿标准，补偿模式和补偿的资金来源等内容，如图 9-4 所示。

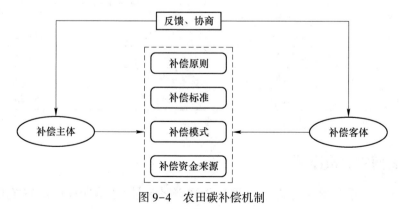

图 9-4 农田碳补偿机制

9.6.1 补偿主体和补偿客体

9.6.1.1 补偿主体（买方）

农田生态系统碳补偿主体（买方）主要包括政府、企业组织、非营利组织和云南公民等。

一是政府，分别为中央政府和云南省地方政府。减少的二氧化碳排放量属于生态产品，生态产品由于其公共性和外部性，所以政府应该代表云南省全体公民补偿保护农田生态环境的行为。

二是企业组织，以云南省的企业组织为主，分为法人型和非法人型。他们是农田碳补偿最重要的补偿主体，也是政府设立的生态补偿基金主要支付者。由于企业日常生产管理行为都要涉及使用自然资源和实施破坏生态环境的行为，他们是造成生态环境恶化的主要责任人。遵守"谁污染、谁治理"，"谁损坏，谁恢复"，"谁受益，谁付费"的基本原则，因此，主要责任的承担者应该是企业。

三是非营利组织。非营利组织不以赚钱为目的，核心是服务大众，是执行公众事务而成立的组织。非营利组织有时也被称作第3部门，与政府（第1部门）和企业（第2部门），形成影响社会的3股重要力量。非营利组织执行公共事务有可能给生态环境造成负面影响，因此他们也应该承担相应的补偿责任。因为非营利组织的经费主要来自捐赠，所以不是补偿的经常主体。

四是云南公民。公民会占用生态环境和使用自然资源，体现在他们进行个体生产管理行为和家庭生活中所产生的外部不经济行为。

一般地，农田碳补偿的起始阶段，以政府补偿为主；中期，企业是最重要的补偿主体，非营利组织和公民是农田碳补偿的次要主体[155]。

9.6.1.2 补偿客体（卖方）

云南农田生态系统碳补偿客体（卖方）主要是云南省当地农作物耕种者。云南省农田生态系统具有较强的固碳能力，2000~2014 年云南省农田净碳汇量的变化范围是 $2125.67×10^4 ~ 2785.65×10^4$t，具有显著的正外部性。因此，应该对云南省农田生态系统进行碳补偿，不仅能提高当地农民的收入，调动他们进行农田低碳耕种的积极性；而且还能增加农田净碳汇，减少空气中的 CO_2 浓度，从而实现农业可持续发展和促进扶贫工作的利好局面。

9.6.2 补偿原则

补偿原则是构建云南省农田生态系统碳补偿机制的准则和指导性理念，起着正确指引的关键作用，其依据是生态补偿的常用原则，即"谁利用谁保护，谁损坏谁恢复，谁获益谁赔偿，谁污染谁承担"。

（1）公平原则。农田生态系统碳补偿机制最根本的准则是公平原则。公平原则与激励理论息息相关，公平其实是一种激励手段，在企业中，让员工感受到公平有利于提高他们的工作效率，更加积极地投身于工作中。另外，人类不仅存活权是平等的，其生态权和进步权也都是平等的。根据外部性和公共产品理论可知，因为生态环境有外部性和公共产品性的特征，所以导致在保护生态环境方面出现了搭便车等的不公平现象，这使得生态受益者不给予补偿，环境毁损者不能获得应有的惩罚，支付成本的生态环境保护者不能获得补偿。如何来平衡补偿主客体间的利害联系？生态补偿机制起到关键作用。公平原则的核心是指导相关利益主体权利义务的对等，尤其在市场补偿中最能体现，农业生态补偿的市场机制需要严格遵守公平交易和公平竞争原则，才能够较好地发挥市场决定性作用。云南省农田生态系统碳补偿机制的构建同样需要遵守公平原则，有效防止搭便车现象的出现。

（2）获益者补偿和保护者受偿原则。农田生态系统碳补偿机制的基本原则是受益者补偿和保护者受偿原则，该原则也是确定补偿主体和补偿客体的依据。其中心思想是生态环境获益者应该向生态环境保护者给予一定的资金。由于生态环境具有外部性和公共产品性，容易出现搭便车现象，这使得生态环境问题得不到改善，反而会日益加重。因此，只有经过政府引导公民遵守获益者补偿和保护者受偿原则，让生态环境受偿者支付合理的成本，损害者受到一定的惩罚，生态环境保护者获得合理的赔偿，生态环境才会从本质上得到改善。具体到云南省农田生态系统碳补偿而言，政府、企业组织、非营利组织和个人通过政府补偿和市场补偿方式对当地种植农作物的农民进行补偿。

（3）理论联系实践原则。理论需要在实践中进行验证，若发现有不对的地方，需要不断修正理论，这样的理论才具有可操作性和正确性。因此构建农业生态补偿机制一定要学习以往实战经验，并结合实际情况不断修正和完善。理论联系实践原则的核心是根据自身条件来满足当地需求，即构建农业生态补偿机制需要考虑中央、地方政府的技术水平条件和经济承受能力；从不同地区的实际出发，因时制宜、因地制宜。针对云南省农田生态系统碳补偿机制的构建，除了要分析中国的农业生态环境之外，还要分析云南省农业生态环境现状和地方政府经济承受能力等状况，根据在云南省实施的农业生态补偿工程，分析和总结相关实践经验，最后需要把构建的云南省农田生态碳补偿机制在社会中运用，发现问题，解决问题。这些体现了权变管理和系统管理理论的核心思想。

（4）可持续发展原则。可持续发展是以保护生态环境为本，以鼓励经济增长为前提，以提升和改良人们生存品质为方向的连续发展理论和战略，它含有经济可持续发展、社会可持续发展和生态可持续发展 3 个方面。因此，可持续发展需要纳入生态补偿中。生态环境破坏容易，修复却很难，其造成的后果甚至威胁人类的生存和安全，那么农业生态补偿机制的构建必须遵守可持续发展原则。

由于我国农业生态补偿的理论和实践都处于起始时期，农业生态补偿机制需要以政府为主导。为弥补政府生态补偿资金不足的问题，需要引入长效的市场补偿机制。

生态补偿资金主要用于改善农田生产基础设施，改进农田生产技术，变粗放式耕种为精准耕种，提高单位面积农田的净碳汇量。

9.7 补偿标准

补偿标准是农田碳补偿的核心。我国已经在深圳市、上海市、北京市、广东省、天津市、湖北省和重庆市建立了 7 个碳排放权交易示范点。农田生态系统碳补偿的市场补偿标准可根据变化的碳市场交易价格来制定。

云南省农田生态系统碳补偿的政府补偿标准包括两个部分，分别是云南省农田生态系统净碳汇补偿标准和低碳耕种补偿标准。

9.7.1 云南省农田净碳汇补偿标准

云南省农田生态系统净碳汇补偿标准可根据碳市场价格和当地农田单位面积净碳汇量来确定。补偿标准会因为区域、农作物种类不同，农作物产量变化等而有所变化，需要因地制宜、因时制宜。由于缺乏不同农作物的化学投入品等碳源使用量的相关数据，按照云南省各种主要农作物制定净碳汇补偿标准的可操作性较差。基于此，按照单位面积净碳汇制定相应的补偿标准。

2013 年云南省农田单位面积净碳汇量是 $4.44t/hm^2$。中国碳排放交易网数据显示，2013 年，中国国内碳交易市场的均价是 55.91 元/t。因此，云南省单位面积农田的补偿标准为 248.24 元/hm^2。该标准是偏低的，主要原因是我国现阶段实行的是碳强度管理目标，即 2020 年的碳强度比 2005 年的碳强度下降 40% ~ 45%，未实行碳排放总量控制目标。若实行国家、地区、行业、企业的碳排放总量控制目标，则可推进我国的碳交易，有利于提高农田碳补偿标准。

9.7.2 低碳耕种补偿

农田低碳耕种的含义是指改变粗放式耕种方式，因为该模式会带来诸如土地贫瘠、破坏农田生态环境等不利于农业可持续发展的诸多问题，变粗放式耕种方式为精准式耕种，减少农田二氧化碳等温室气体的排放量，降低大气中温室气体浓度，改善农田及大气生态环境。农田低碳耕种方式有减少化学品使用量、低碳种植等，本文主要介绍前面两种低碳耕种方式及其补偿标准。这些低碳耕种方式可以降低农田碳源量，但与此同时，可能造成农作物产量下降和农民收入减少，所以对农民进行农田生态补偿的前提是确保农民收入不下降。

随着我国经济快速平稳增长，农业生产条件大为改善。云南省也积极改善相对落后的农业生产条件，但是使用了大量的化肥、农药、农膜、柴油等化学品和能源，特别是使用了大量的化肥，如 2014 年云南省农田生产过程投入产生的碳排放量为 $377.62 \times 10^4 t$，农田化肥的生产和使用产生的碳排放量占比高达 60.03%，其次农膜占比是 15.22%，柴油占比是 13.31%，农药占比是 7.48% 等。其耗费了大量的化石能源，导致农业碳排放量显著增加。

削减化学品使用量本质上是减轻化石能源使用量，继而减轻农业生产过程中的碳排放量。比如尽量使用有机肥（农家肥）；对使用的化肥做到测土配方，并与有机肥配施，能够提高化肥利用率且降低 CO_2 的排放。淘汰落后的农业机械，使用先进的农业生产技术，充分利用风能、太阳能等可再生能源，并积极利用生物质能，以此来减少农业生产过程中使用的化石能源。

减少化学品使用量耕种方式的补偿标准的计算包括四个方面：

一是需要统计当地农民减少使用的化学品量，与相应的碳排放系数相乘，通过计算获得减少的二氧化碳排放量，再与碳平均价格相乘；

二是计算因为减少使用化学品带来农作物产量下降而导致的农民收入减少；

三是由于进行农田生产作业而失去外出打工收入的机会成本；

四是使用先进的农业生产设备、技术和开展项目而支付的成本费用。

9.7.3 碳排放强度的补偿标准

农田生态系统的净碳汇量是生态系统通过光合作用从人类主要经济活动中净吸收 CO_2 的 "碳" 的最大质量。碳源是向大气中排放 CO_2 的活动过程，碳汇是吸收大气中 CO_2 的活动过程。提高农田生态系统农作物产量是生物学家及农业工作者努力追求的目标。然而，化肥、农膜、农药、机械等的投入以及灌溉、翻耕等生产方式的采用，虽然提高了农作物产量、光合作用固碳量，却增加了农田生态系统的碳排放。

为了提高农田生态系统农作物的产量，生物学家、农业技术专家、农民采取了一系列促进产量提高的活动，比较大量地使用化肥、农膜、农药、机械、灌溉等。这些活动一定程度上促进了农田系统净碳汇量的提高，同时，也导致了碳排放量的提高。

9.7.3.1 农田碳源和碳排放强度的计算

农田系统的碳源主要包括：农用化肥生产和使用、农膜生产和使用、农药生产和使用、农用柴油使用、农业灌溉、农业机械使用等，其计算见式（9-1）。其中，农业灌溉和机械使用的碳排放主要是指灌溉过程和机械使用过程电能消耗产生的碳。

$$C_e = \sum_i^k A_i \alpha_i \tag{9-1}$$

式中　C_e——农田耕种过程生产要素的碳排放量，$10^4 tC/a$；

　　　A_i——农业各项投入，包括氮肥、磷肥、钾肥和复合肥施用量，$10^4 t/a$；农膜使用量，$10^4 t/a$；农业灌溉面积，$10^4 hm^2/a$；农药使用量，$10^4 t/a$；农用柴油使用量，$10^4 t/a$；农业机械总动力，$10^4 kW/a$；农作物播种面积，$10^4 hm^2/a$；

　　　α_i——各项农业投入对应的碳排放系数，见表5-9；

　　　k——农业投入的种类。

碳排放强度是指一年一公顷农田生态系统的碳排放量（单位：tC/hm^2）。其计算见式（9-2）。

$$P_e = \frac{C_e}{S} \tag{9-2}$$

9.7.3.2 云南和贵州碳排放强度的比较

发展高原特色农业是云南省政府产业布局的重要目标之一，而绿色、低碳是农产品的重要标志。通常，绿色、低碳是相对而言。云南、贵州隶属于云贵高原，若以农田耕种过程的碳排放强度作为补偿标准，建议参考贵州的碳排放强度的变化趋势，以提高对策的有效性。

贵州省、云南省位于 $103°36' \sim 109°35'E$、$21°8'32'' \sim 29°15'8''N$，地处中国西南部，是国家的重要生态屏障，地形地貌十分复杂，气候类型多样，土壤类型丰富。其农田存在以下特点：

（1）旱地多于水田，云南、贵州旱地占耕地面积的比值分别为75.9%、72.0%。

（2）2°以上坡耕地占比高，云南、贵州2°以上坡耕地占耕地面积的比值分别为 85.17%、94.90%，其中 25°以上坡耕地占耕地面积的比值分别为14.54%、17.90%。

（3）耕地分布海拔高，中国沿海地区耕地最高海拔为 $500 \sim 1000m$，中部地区耕地海拔为 $800 \sim 1200m$，云贵高原耕地海拔为 $1500 \sim 2200m$，西藏耕地海拔为 $3500 \sim 4000m$。

（4）云南、贵州地区耕地的复种指数分别为90%、96%，明显低于全中国平均水平（120%），这是因为这些地区多高原山地，水土流失比较严重，土层薄，土壤肥力低，加上高海拔使得霜冻、低温等灾害对农业影响较大。

可见，云南和贵州农田系统具有较大的相似性。云南、贵州 $2005 \sim 2014$ 年农田耕种过程的碳排放强度结果见图9-5。

（1）云南农田的碳排放强度明显高于贵州。前者约在 $0.47 \sim 0.60 t/hm^2$ 变

动，后者约在 0.20~0.26t/hm² 变动。

（2）云南农田碳排放强度年均增长幅度略低于贵州。前者约为 2.77%，后者约为 3.02%。

可见，制定农田碳补偿标准需要考虑自身和相近地区农田碳排放强度的绝对值和变化趋势，把稳定农田碳排放强度作为补偿的目标之一。制定农田碳排放强度目标，分解为区域农田碳排放强度目标。若某区域未能实现该目标，则将其视为降低农田碳补偿标准的依据。

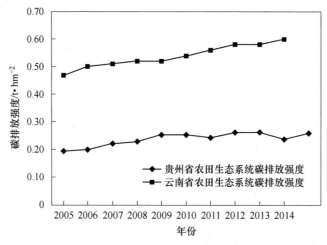

图 9-5　贵州省与云南省碳排放强度变化趋势

9.7.4　要素补偿标准

（1）云南农田主要投入碳排放量分析。表 9-2 是云南主要投入要素的碳排放量的占比。根据表 9-2，化肥、农膜、农药的使用量递增明显，其年均递增幅度为 0.52%、0.82% 和 2.45%；灌溉、柴油、农机的碳排放量的占比呈现下降区分，其年均递减幅度为 3.04%、0.01% 和 2.64%。

表 9-2　云南主要农业投入要素的碳排放量占比　　　　　　　　（%）

年份	化肥	农膜	灌溉	农药	柴油	农机
2005	49.0	13.5	15.2	5.8	13.0	3.7
2006	50.5	13.4	15.0	6.1	11.6	3.4
2007	52.0	13.3	14.8	6.4	10.2	3.3
2008	51.7	13.4	14.1	7.3	10.2	3.3
2009	50.8	13.9	13.8	6.9	11.3	3.3

续表9-2

年份	化肥	农膜	灌溉	农药	柴油	农机
2010	51.0	13.7	13.1	7.0	12.0	3.2
2011	51.6	13.6	12.5	6.8	12.4	3.1
2012	50.9	14.2	12.1	7.4	12.5	3.0
2013	51.2	14.4	11.6	7.1	12.7	3.0
2014	51.3	14.5	11.5	7.1	12.7	2.9

（2）贵州农田主要投入碳排放量分析。表9-3是贵州主要农业投入要素的碳排放量的占比。根据表9-2，贵州化肥、灌溉、柴油、农机使用碳排放量占比呈现波动下降趋势，其年均下降幅度分别为0.05%、0.22%、2.21%和1.83%；而农膜、农药的碳排放量占比则呈现波动递增趋势，其年均增长幅度约为8.41%和4.72%。

表9-3　贵州主要农业投入要素的碳排放量占比　　　　　　（%）

年份	化肥	农膜	灌溉	农药	柴油	农机
2005	93.42	0.78	1.53	0.39	3.24	0.65
2006	93.03	1.26	1.57	0.40	3.07	0.67
2007	93.48	1.21	1.49	0.40	2.85	0.57
2008	93.76	1.22	1.45	0.37	2.67	0.53
2009	92.91	1.67	1.78	0.43	2.67	0.53
2010	92.93	1.56	1.87	0.40	2.71	0.53
2011	93.06	1.18	2.01	0.40	2.82	0.53
2012	92.88	1.29	2.06	0.44	2.80	0.53
2013	92.90	1.36	2.10	0.43	2.68	0.53
2014	93.26	1.52	1.51	0.41	2.72	0.57

（3）云南和贵州农田碳投入比较分析。基于碳均衡目标和发展低碳、生态高原特色农业的目标，农田碳补偿标准需要考虑碳排量的主要来源及其变化趋势。与贵州农田投入不同的是，云南农田碳投入比较分散，化肥碳排放量占总碳排放量的比值在50%左右波动，而农膜、灌溉和柴油碳排放量占总碳排放量的比值均超过了10%；而贵州农田碳投入集中在化肥，其他要素（农膜、灌溉、农药、柴油和农机）的碳排放量占比的和为6.24%~7.12%。可见，制定农田碳补偿标准需要考虑碳排放量的主要来源及其变化趋势。

9.8　补偿手段

补偿模式指的是补偿主体（买方）向补偿客体（卖方）补偿的方式，分别

是政府和市场补偿。云南省农田生态系统碳补偿的政府补偿是指政府代表全体公民作为直接补偿者向当地农作物耕种户（农民）进行补偿，并承担管理和实施监督的角色。

因为补偿对象是农民，为了方便管理，成立"云南省农田低碳耕种合作社"。"云南省农田低碳耕种合作社"负责将当地分散的农民集中在一起，其主要工作包括三个方面：

（1）将中央政府和云南地方政府的农田生态系统净碳汇补偿款、补偿实物、补偿政策和补偿技术落实到云南省当地农民中。

（2）与云南省当地农民签订农田低碳耕种合同，负责培训当地农民，使他们掌握农田低碳耕种知识，使用先进设备和技术，并对他们的农田低碳耕种过程进行监督。

（3）落实云南省农田低碳耕种产生的碳减排量和市场补偿工作。

云南省农田生态系统碳补偿的政府补偿的方式有资金、实物、政策和技术补偿，资金补偿和实物补偿属于输血型补偿，在短期内效果比较明显，但由于资金来源有限导致其具有一定的局限性；政策补偿和技术补偿属于造血型补偿，正好弥补了资金补偿和实物补偿的局限性，正所谓"授人以鱼，不如授人以渔"，政策补偿和技术补偿能从根本上改善农田生态环境。云南省农田生态系统碳补偿应该综合利用这四种政府补偿方式，以产生最大的经济效益和生态效益。

9.8.1 资金补偿

资金补偿是一种最普遍、最直白的补偿方法。云南省农田生态系统碳补偿的资金补偿是指中央和云南省地方政府通过行政手段直接将财政资金补偿给当地农民，资金补偿主要有财政转移支付、农业生态补偿基金、农业生态补偿费等形式，其中最主要的形式是财政转移支付，其次是农业生态补偿基金。

财政转移支付一般有专项拨款、财政补贴、税收返回、财政援助与奖励等形式。财政转移支付是国家最常使用的补偿方式，它分为纵向和横向转移支付，纵向转移支付是高一级政府对低一级政府转移支付，横向转移支付是地区相同级别政府间的转移支付，有利于协调区域间的经济发展。

财政转移支付还分为专项和普通转移支付，应该把农田生态补偿纳入专项转移支付范畴内，通过"专款专用"增加农田生态补偿的有效性。

（1）农田生态补偿。农田生态补偿基金是政府补偿的重要方式，可以有效弥补政府农业生态补偿财政资金的不足，是专门用于农业生态补偿的国家性基金，其主要由国家的环保部门和农业部门设立。

农业生态补偿基金的资金来源包括政府财政拨款、社会捐助、基金运行获得的利息收入和投资收益。我国已经建立了"中国绿色碳汇基金会"，是一家以增汇减排和应对气候改变为宗旨向全社会募集资金的国家性基金会。

云南省农田生态系统碳补偿的资金来源包括政府财政资金、农业生态补偿基金、碳税和碳交易市场的买方等。

政府财政资金分为中央与云南省地方政府的财政资金。国家用于农业生态补偿的资金应该列入公共财政预算中，并设置专门的支出项目——农村生态环境建设。云南省地方政府应该根据当地的农业资源环境情况，合理利用好每项政府资金，高效地改善云南农村生态环境。

（2）社会捐助。农业生态补偿基金能够有效地弥补国家农业生态补偿财政资金的不足，除了政府拨款外，还接受社会捐助以及基金运行获得的利息收入和投资收益，鼓励企业和个人承担起社会责任。由我国成立的"中国绿色碳汇基金会"侧重森林碳汇发展，国内应该成立"农业生态碳汇基金会"，专门负责筹集和管理用于农业生态补偿的碳汇基金，并在云南省设立分支机构，便于云南省农业碳汇基金的筹集和管理。

（3）碳税。碳税是指对企业组织、机构和人类所产生的 CO_2 所纳的税。目前我国还没有实行碳税制度，但是世界上许多国家如南非、加拿大等已经征收碳税。碳税制度的实行有利于人们提高低碳意识，采用低碳的生产生活方式，增加碳汇，降低碳源，继而提高净碳汇，降低空气中 CO_2 的浓度，改善生态环境和温室效应。因此，国内需要设立碳税体系，各省市也应积极配合。

云南省农田生态系统碳补偿以政府补偿为主应该逐渐过渡到以市场补偿为主，使市场起决定性作用，政府发挥好监督管理作用。让云南省的企业组织、机构、人们承担起相应的责任，减少"搭便车"情况。因此，云南省农田碳补偿的资金来源还应该包括碳交易市场的买方。

9.8.2　实物补偿

实物补偿是指补偿主体以实际物品的方式，如物质、土地等给予补偿客体需要的生产和生活必要因素，增强其生产和生活能力。云南省农田生态系统碳补偿的实物补偿是对云南省当地农民提供实际物品的补偿方式，比如农业节能减排的相关设备、机械等。有利于提高云南省当地农民生产积极性和推动农田碳补偿机制发展。

9.8.3　政策补偿

政策补偿包括两种含义：

（1）高一级政府对低一级政府的权利补偿，既中央政府容许地方政府在权利限度内，结合本地区农业生态环境情况，享有政策制定的优先权。

（2）中央和地方政府对补偿客体的机会补偿，即国家为补偿客体专门制定

的优惠政策。

云南省农田生态系统碳补偿的政策补偿主要是有利于云南省农田生态环境发展的政策倾斜，主要有优先安排云南省农田基础设施建设、对云南农业企业实现税收减免优惠、鼓励农业绿色清洁能源项目的开展等。

9.8.4　技术补偿

技术补偿是指补偿主体针对补偿客体开展农业相关知识和技术的培训服务，以提高补偿客体的低碳意识，掌握农业低碳耕种相关知识和技术。云南省农田生态系统碳补偿的技术补偿是指中央政府和云南省地方政府通过科学技术帮助模式对云南省农田生态环境进行保护。国家应该为云南省当地农民开展农田低碳耕种常识和科学技术培训来增加他们的低碳耕种意识和农田生产经营能力，自觉减少农田化学品的使用，掌握测土配方、土壤固碳等技术，从而减少农田碳排放量，提升土壤固碳潜能，改善云南省农田生态环境。

中央政府和云南省地方政府可以通过综合利用资金、实物、政策和技术补偿这四种方式对农田低碳耕种产生的核证碳减排量和云南农田净碳汇量进行补偿。由于农民分散，需要"云南省农田低碳耕种合作社"配合当局来落实云南省农田碳补偿的政府补偿工作。

9.9　本章小结

根据农田净碳汇计算碳补偿标准，比 NEP 纬度变异规律更能反映农田生态系统净碳汇的时空变化，比如遭受自然灾害的影响。与市场碳交易结合制定碳补偿标准，能一定程度激励农户提高农田净碳汇的积极性。虽然如此，但是由于我国未实行碳排放总量控制目标，碳交易的价格普遍偏低，一定程度上又挫伤了农民低碳耕种的积极性。

10 结 语

10.1 研究结论

（1）云南省于 2012 年出现了碳超载或碳赤字现象。通过对生态系统进行细分，利用 NEP 维度变异规律推算了云南省森林、水田、旱地等子系统的 NEP 值，利用国内学界关于其他子系统 NEP 测算的成果，计算了云南省生态系统碳承载力。界定了碳源，根据能源消费结构、碳排放系数，计算了云南省化石能源消费和水泥生产过程碳酸盐分解产生的二氧化碳排放的质量。结果表明：2009 年，云南省的碳盈余量为 3032.1 万吨；2012 年和 2013 年，云南省出现了碳超载现象，碳超载量分别约为 846.84 万吨和 1441.66 万吨，碳超载率分别是 3.99% 和 6.56%；碳超载呈现逐渐加剧的变化趋势。该结论与张一群等（2015 年）[117] 采用生态足迹法得到的结论、《中国生态足迹报告》关于云南的结论基本吻合。

将二级子系统细分和 NEP 纬度变异规律的研究方法与国内学者碳承载力的研究方法进行了比较。国内研究中，多采用 NEP 和 NPP 结合的方法建立碳承载力测算模型，其中农田采用 NPP 法。子系统细分比较粗略，多选择森立、草地、农田为主。对比分析了不同方法云南省碳承载力，结果表明，本书的研究与《中国生态足迹报告》的结论最为接近。

可见，采用森林 NEP 纬度变异规律研究生态系统碳承载力的方法是科学的、合理的。

（2）云南省陷入了轻微的碳锁定状态。采用 VAR 模型和"中商情报网"关于水泥产量的变化趋势，分别预测了 2014 年云南省化石能源消费和水泥的产量，进而得出了 2014 年云南省碳排放量预测值，约为 25440.79 万吨。假设二级子系统 NEP 的值不变，根据云南省二级子系统面积变化趋势，预测了云南省 2014 年的生态系统碳承载力，结果约为 22006.28 万吨二氧化碳。预测结果表明，2014 年云南省碳超载率约为 15%。这样，云南省连续三年出现碳锁定现象，且碳超载率逐渐递增。该结果表明"十三五"期间，云南省很可能处于中度碳锁定。

（3）基于碳排放总量控制的交易机制和补偿机制是实现云南省碳均衡目标的必然选择。国内碳强度行政管理机制的最大弊端是碳排放量不断增大，而生态系统碳承载力在短期内难以有大的提升。生态系统承载力是描述人类和自然关系的第一戒律，是可持续发展要遵循的重要准则。云南省要想实现碳均衡目标，必须基于生态系统碳承载力预测值设置碳排放量目标值。以此为基础，建立云南省总量控制的碳交易、省内 CAD 补偿、自愿碳补偿相统一的组合机制。其中，总量控制的碳交易机制是核心，省内 CAD 补偿机制、自愿碳补偿机制是补充。碳锁定具有一定的路径依赖性，如果没有强有力的外力，该路径依赖性很难自动打破。

（4）化石能源消费和水泥生产过程的碳酸盐分解是云南省的两个重要碳源。本项目将碳源界定为两个，一是化石能源消费，二是水泥生产过程碳酸盐分解。经过实证研究 2013 年云南省化石能源消费的碳排放与水泥生产过程中碳酸盐分解的碳排放的质量的比值是 4∶1。可见，忽略云南省水泥生产过程碳酸盐分解过程这一碳源将较严重影响碳承载力研究的准确性。如果将这一碳源忽略，则云南省在 2013 年甚至 2014 年都不会出现碳赤字或碳超载现象。

（5）GDP、能源结构和碳强度分别是云南省碳排放量递增的三大主要因素。将云南省 2000~2014 年碳排放影响因素分解分析，构建包含 11 个指标的 LMDI 模型，对其测算总结，得出各指标对碳排放量的贡献率。对于生产部门来说，碳排放量的正向驱动因素中的 GDP 指标为第一驱动因素，远高于其他因素。能源强度因素为占负向驱动的主导地位，对节能减排起到关键作用，其次为产业结构因素，能源结构因素对减排也有一定影响。对于生活部门来说，人均收入是造成碳排放量增长的最大因素，人口总量和人口结构对碳排放量也有一定正向作用。能源强度占生活部门减排的主要位置，能源结构和碳排放强度在减排驱动因素中分别排第二、第三。

（6）工业和交通运输业是云南省减排的重点产业。交通运输业增加值仅占云南省 GDP 的 2.25%，而碳排放量却占云南省总量的 11.81%，碳强度最高，达到 7.76t/万元。工业碳强度仅次于交通运输业，碳排放量占总比高达 69.84%。运用行业分解模型研究发现：2000~2014 年，工业对云南省碳强度的贡献率最高，交通运输业次之。

（7）采用净碳汇测算作为农田碳补偿比 NEP 纬度规律更科学。农田农作物生长容易受到气候、虫灾等自然灾害的影响，云南省农田作物碳汇和碳源呈现波动递增趋势。它比采用 NEP 纬度变异规律测算农田子系统的碳承载力，更能反映时空变化。

10.2 创新之处

创新之处主要有以下几点：

（1）子系统划分的科学性。国内一般生态系统承载力或碳承载力的研究停留在一级子系统这一层面，且一级子系统的选择或仅仅选择森林（二级子系统）和草地，或选择耕地、林地、草地。本项目以《国家土地利用现状分类标准》

为基础，剔除了基本没有植被的一级和二级土地类型，将剩余的地类作为一级和二级生态子系统，确保了生态子系统的全面性和数据获得的便利性、权威性。

（2）研究方法的新颖性。云南省紧邻亚洲热带区域。与国内其他研究不同，本书以亚洲热带（气候带尺度）森林 *NEP* 为参照值，利用了森林 *NEP* 的纬度变异规律和云南省气候带纬度、面积的研究成果，构建了云南省森林 *NEP* 的计算模型，推算了云南省森林 *NEP* 的值。以此为基础，实证了云南省的生态系统碳承载力。而国内研究普遍采用谢宇鸿等（2008 年）世界森林 *NEP* 均值[130] 或欧盟提供的森林 *NEP* 的数据[110]。

（3）提出了构建总量控制的碳交易、省内 CAD 的补偿、自愿补偿相结合的组合机制。

云南省作为 CAD 的供给方，参与 CAD 项目排在全国前列，已经积累了一定的经验。建立省内区域的 CAD 补偿机制是建立总量控制碳交易机制的必要补充。碳补偿能帮助一些不能完成碳配额目标的企业通过市场手段相对低成本地完成减排目标。

（4）将化石能源消费和水泥生产过程中碳酸盐分解释放的碳同时作为碳源。

国内碳强度目标计算中，一般只涉及化石能源消费排放的碳。国内能源足迹和生态系统承载力研究中，一般也仅仅把化石能源消费作为碳源。本项目分析了云南省的产业结构特征，选取了化石能源消费和水泥生产过程中碳酸盐分解作为碳源，提高了生态系统碳承载力研究的科学性。

（5）研究农田子系统的碳承载力采用了 *NEP* 法，而研究农田补偿标准采用了 *NPP* 法。

碳均衡的判定取决于生态系统的碳承载力和区域碳排放量的结果。本文采用 *NEP* 计算了农田子系统的碳承载力，而采用收获产量、含水率、碳排放系数等研究了农田的净碳汇，它的实质是 *NPP*。王秋凤、郑涵等（2015 年）[31] 的研究结果表明，2001～2010 年中国陆地生态系统的 *NEP*、*NPP* 值分别约为 1.89PgC/a 和 3.89PgC/a，即 *NEP* 约为 *NPP* 的 48.59%。部分学者采用农作物的收获产量、含水率、碳排放系数等研究了农田子系统的碳承载力，一定程度上将导致碳均衡判定的不科学。所以，采用 *NEP* 值估算农田生态子系统的碳承载力比采用 *NPP* 值（即收获产量、含水率、碳排放系数等）更科学，判定碳均衡更具有说服力；而采用 *NPP* 值研究农田碳补偿标准，比采用 *NEP* 值更能反映农田作物碳汇的时空变化，其激励效果相对较好。

（6）对化石能源消费产生的碳排放量的测算进行了差别化处理。判定碳均衡时，选取云南省总体能源消费量（单位：万吨标准煤）和一次电占比，建立云南省化石能源消费量的测算模型。它计算简单，对判定云南省碳超载、碳均衡是可行的。然而，它比较粗略，不利于发现云南省碳排放的部门差异性。为研究云南省化石能源消费的碳排放量特征，分八大部门构建云南省碳排放总量测算模型，对2000~2014年碳排放量特征进行了深入的探究，并选取 LMDI 分解法对云南省碳排放量分解为11个驱动因素。

10.3　研究不足和展望

本书所涉及内容的不足之处有：

（1）对碳总量控制交易机制的研究还不够深入。由于时间关系，本书主要研究了碳总量控制交易机制的框架，对行业碳排放量的分配、交易条件等研究还不够深入。碳交易价格受国家宏观政策影响大，很大程度上取决于国家对碳排放总量目标的实施的计划。

作者将在以后的研究中，围绕碳均衡目标，研究云南省的碳排放总量目标、行业碳排放量的分解方法和行业碳排放量的目标值。

（2）对建立云南省内部碳交易的价格研究不够深入。碳补偿价格的确定是难点，《京都议定书》虽然对补偿价格有详细的计算方法。由于我国碳交易处于起步阶段，且国家现阶段未实行碳排放总量控制目标，导致碳交易价格比较低迷。

作者将在继续深入研究碳交易的价格制定方法。

（3）生态子系统的碳补偿机制的评价还很欠缺。将借助生态补偿机制的研究成果，完善碳补偿机制的评价，发现碳补偿机制的问题，研究更具有针对性的措施。

参 考 文 献

[1] 韩翠华，郝志新，郑景云. 1951~2010 年中国气温变化分区及其区域特征 [J]. 地理科学进展，2013，32（6）：887~896.

[2] 张万诚，郑建萌，马涛，等. 1961~2012 年云南省极端气温时空演变规律研究 [J]. 资源科学，2015，37（4）：710~722.

[3] 白万平，杨广仁，张学敏. 碳排放增加与气温变化统计因果关系的多重检验 [J]. 贵州财经大学学报，2013（5）：46~51.

[4] 朴世龙，方精云，黄耀. 中国陆地生态系统碳收支 [J]. 中国基础科学，2010（2）：20~22.

[5] Zhu Liu，Dabo Guan，Wei Wei，et al. Reduced carbon emission estimates from fossil fuel combustion and cement production in China [J]. Nature，2015，524（7565）：335~338.

[6] Karlsson R. Carbon lock-in，rebound effectsand Chinaatthe limitsof statism [J]. Energy Policy，2012，51：939~945.

[7] 李家才. 碳强度目标：演进、理由与实现 [J]. 社会科学，2012（9）：26~32.

[8] 刘云涛，等. 水泥生产的碳排放因子研究进展 [J]. 资源科学，2014（1）：110~119.

[9] 高军波，王义民，李清飞. 河南省化石能源利用及工业生产过程碳排放的估算——基于2000~2009 年数据的实证 [J]. 国土与自然资源研究，2011（5）：48~50.

[10] Clarke A I. Assessing the carrying capacity of the Florida Keys [J]. Population & Enviroment，2002，23（4）：405~418.

[11] 曹智，闵庆文，刘某承，等. 基于生态系统服务的生态承载力：概念、内涵与评估模型及应用 [J]. 自然资源学报，2015，30（1）：1~11.

[12] 张奎. 承载力研究的时空演进 [J]. 统计与管理，2015（6）：42~44.

[13] Arrow K，Bolin B，Costanza R，et al. Economic growth，carrying capacity，and the environment [J]. Science，1995，268（5210）：520~521.

[14] 顾康康. 生态承载力研究 [J]. 生态环境学报，2012，21（2）：389~396.

[15] 张林波，李兴，李文华，等. 人类承载力研究面临的困境与原因 [J]. 生态学报，2009，29（2）：889~897.

[16] 王俭，孙铁珩，李培军，等. 环境承载力研究进展 [J]. 应用生态学报，2005，16（4）：768~772.

[17] 赵先贵，马彩虹，肖玲，等. 北京市碳足迹与碳承载力的动态研究 [J]. 干旱区资源与环境，2013，27（10）：8~11.

[18] 肖玲，赵先贵，许华兴. 山东省碳足迹与碳承载力的动态研究 [J]. 生态与农村环境学报，2013，29（2）：152~157.

[19] 邱高会. 区域碳安全评价及预测研究 [J]. 生态经济，2014，30（8）：14~17.

[20] 顾晓薇，胥孝川，王青，等. 区域经济发展的碳足迹与碳承载力研究 [J]. 东北大学学报（自然科学版），2012，33（8）：1194~1197.

[21] 何云玲，吴志杰，徐蕊. 昆明市碳源碳汇结构变化及其驱动因子研究 [J]. 云南地理环境研究，2013，25（6）：14~21.

［22］方恺，董德明，林卓，等．基于全球净初级生产力的能源足迹计算方法［J］．生态学报，2012，32（9）：2900～2909.

［23］Houghton R A，Hackler J L，Lawrence K T. The US carbon budget：contributions from land-use change［J］. Science，1999，285（5427）：574～578.

［24］徐玖平，何源．四川地震灾后生态低碳均衡的统筹重建模式［J］．中国人口·资源与环境，2010，20（7）：13～19.

［25］钟晓青，杜伊，刘文，等．国内温室气体减排：基本框架设计的生态经济问题——与刘世锦等商榷［J］．再生资源与循环经济，2012，5（12）：13～19.

［26］钟晓青，魏开，汪宜娟，等．全球温室气体减排：再论理论框架和解决方案——和张永生等商榷［J］．再生资源与循环经济，2013，6（13）：13～20.

［27］张萍．促进碳平衡的生态学思考［J］．环境保护，2008（24）：35～37.

［28］杨立，郝晋珉，艾东，等．基于区域碳平衡的土地利用结构调整——以河北省曲周县为例［J］．资源科学，2011，33（12）：2293～2301.

［29］杨志诚．碳循环与经济发展［J］．科技广场，2012（6）：122～127.

［30］王兵，王燕，赵广东，等．中国森林生态系统碳平衡研究进展［J］．内蒙古农业大学学报，2008，29（2）：194～198.

［31］王秋凤，郑涵，朱先进，等．2001～2010年中国陆地生态系统碳收支的初步评估［J］．科学通报，2015，60（10）：962.

［32］魏厦．中国碳排放影响因素分析——基于向量误差修正模型的实证研究［J］．调研世界，2019（3）：60～65.

［33］江晓菲，李伟，游庆龙．中国未来极端气温变化的概率预估及其不确定性［J］．气候变化研究进展，2018，14（3）：228～236.

［34］丹尼斯·米都斯，等．增长的极限［M］．李宝恒，译．长春：吉林人民出版社，1997：18.

［35］哈贝马斯．合法化危机［M］．上海：上海人民出版社，2000：59～60.

［36］曹孟勤．人与自然：从主奴关系走向本质统一［J］．科学技术与辩证法，2007，24（6）：4～7.

［37］王增智．对生态文明研究的三个关键性概念再审视［J］．湖北社会科学，2015（1）：17～21.

［38］张旭平．"生态文明"概念辨析［J］．系统科学学报，2001，9（2）：86～90.

［39］申曙光．生态文明及其理论与现实基础［J］．北京大学学报，1994（3）：31～37.

［40］邱耕田．对生态文明的再认识——兼与申曙光等人商榷［J］．求索，1997（2）：84～87.

［41］卢风．"生态文明"概念辨析［J］．晋阳学刊，2017（5）：63～70.

［42］赵慧霞，吴绍洪，姜鲁光．生态阈值研究进展［J］．生态学报，2007，27（1）：338～345.

［43］王彦彭．我国生态承载力的综合评价与比较［J］．统计与决策，2012（7）：114～118.

［44］Unruh G C，Carrillo-Hermosilla J. Globalizing carbon lock-in［J］. Energy Policy，2006（34）：1185～1197.

［45］Bertram C，Nils Johnson B，Gunnar Luderer，et al. Carbon lock-in through capital stock inertia associated with weak near-term climatepolicies [J]. Technological Forecast and Social Change, 2015, 90: 62~72.

[46] 张陶新. 全球碳排放的区域差异与收敛性分析 [J]. 世界地理研究, 2013, 22 (2): 27~33.

[47] 虞海燕, 刘树华, 赵娜, 等.1951~2009 年中国不同区域气温和降水量变化特征 [J]. 气象与环境学报, 2011, 27 (4): 1~11.

[48] 尹贻梅, 刘志高, 刘卫东. 路径依赖理论及其地方经济发展隐喻 [J]. 地理研究, 2012, 31 (5): 782~791.

[49] Foxon. T. J. Technological lock-in [J]. Reference Module in Earth Systems and Environmental Sciences, from Encyclopedia of Energy, Natural Resource, and Environmental Economics, 2013 (1): 123~127.

[50] Nuno Bento. Is carbon lock-in blocking investments in the hydrogen economy? A survey of actors' strategies [J]. Energy Policy, 2010, 38: 7189~7199.

[51] 李宏伟. "碳锁定" 与 "碳解锁" 研究: 技术体制的视角 [J]. 中国软科学, 2013 (4): 39~49.

[52] 徐盈之, 郭进, 刘仕萌. 低碳经济背景下我国碳锁定与碳解锁路径研究 [J]. 中国软科学, 2015, 29 (10): 33~38.

[53] 周五七, 唐宁. 中国工业行业碳解锁的演进特征及其影响因素 [J]. 技术经济, 2015, 34 (4): 15~22.

[54] 郭进, 徐盈之. 基于技术进步视角的我国碳锁定与碳解锁路径研究 [J]. 中国科技论坛 2015 (1): 113~117.

[55] Yungfeng Y, Laike Y. China's foreign trade and climate change: a case study of CO_2 emissions [J]. Energy Policy, 2010, 38: 350~356.

[56] 杨玲萍, 吕涛. 我国碳锁定原因分析及解锁策略 [J]. 工业技术经济, 2011 (4): 151~157.

[57] 屈锡华, 杨梅锦, 申毛毛. 我国经济发展中的 "碳锁定" 成因及 "解锁" 策略 [J]. 科技管理研究, 2013 (7): 201~204.

[58] 谢来辉. 碳锁定、"解锁" 与低碳经济之路 [J]. 开放导报, 2009 (5): 8~13.

[59] 陈赟. 基于管理视角对发展我国低碳经济的思考 [J]. 武汉大学学报 (哲社版), 2011, 64 (3): 63~68.

[60] 林秀群. 基于 AR 模型的云南省低碳目标管理研究 [J]. 昆明理工大学学报 (社科版), 2012, 12 (6): 64~69.

[61] 倪星, 余凯. 试论中国政府绩效评估制度的创新 [J]. 政治学研究, 2004 (3): 84~92.

[62] 黄栋, 胡晓岑. 低碳经济背景下的政府管理创新路径研究 [J]. 华中科技大学学报 (社科版), 2010, 24: 100~103.

[63] Bauer N, et al. CO_2 emission mitigation and fossil fuel markets: Dynamic and international aspects of climate policies [J]. Technological Forecast and Social Change, 2013, 90: 243~256.

[64] Lecocq F, Shalizi Z. The economics of targeted mitigation in infrastructure [J]. Climate Policy, 2014, 14 (2): 187~208.

[65] 李鹏飞, 鲁海宁, 陈莹, 等. 青藏高原与全国气温特征及相关性分析 [J]. 陕西气象,

2015 (3): 28~31.

[66] 刘晓冉, 李国平, 范广洲, 等. 西南地区近40a气温变化的时空特征分析 [J]. 气象科学, 2008, 28 (1): 30~36.

[67] 李晓英, 姚正毅, 王宏伟, 等. 近52a黄河源区降水量和气温时空变化特征 [J/OL]. 人民黄河, 2015, (07).

[68] 梅媛媛, 李毅, 龙荣华. 昆明地区近40a气温变化特征及其突变检验 [J]. 贵州气象, 2013, 37 (2): 1~5.

[69] 魏宏森. 钱学森构建系统论的基本设想 [J]. 系统科学学报, 2013, 21 (1): 1~8.

[70] 本·阿格尔. 西方马克思主义概论 [M]. 慎之, 等译. 北京: 中国人民大学出版社, 1991.

[71] 毛熙彦, 林坚, 蒙吉军. 中国建设用地增长对碳排放的影响 [J]. 中国人口·资源与环境, 2011, 21 (12): 34~40.

[72] Tansley A G. The use and abuse of vegetational concepts and terms [J]. Ecology, 1935, 16: 284~307.

[73] 刘增文, 等. 关于生态系统概念的讨论 [J]. 西北农林科技大学学报 (自然科学版), 2003, 31 (6): 204~208.

[74] 郝云龙, 王林和, 张国盛. 生态系统概念探讨 [J]. 中国农通学报, 2008, 24 (2): 353~356.

[75] 王家骥, 姚小红, 李京荣, 等. 黑河流域生态承载力估测 [J]. 环境科学研究, 2000, 13 (2): 44~48.

[76] 吴建平, 刘占锋. 森林净生态系统生产力及其生物影响因子研究进展 [J]. 生态环境学报, 2013, 22 (3): 535~540.

[77] Costanza R, De Groot R, et al. Changes in theglobal value of ecosystem services [J]. Global Environmental Change, 2014, 26: 152~158.

[78] 龙花楼, 刘永强, 李婷婷, 等. 生态用地分类初步研究 [J]. 生态环境学报, 2015, 24 (1): 1~7.

[79] 方精云, 柯金虎, 唐志尧, 等. 生物生产力的"4P"概念、估算及其相互关系 [J]. 植物生态学报, 2001, 25 (4): 414~419.

[80] 常顺利, 杨洪晓, 葛剑平. 净生态系统生产力研究进展与问题 [J]. 北京师范大学学报 (自然科学版), 2005, 41 (5): 517~521.

[81] 王兴昌, 王传宽. 森林生态系统碳循环的基本概念和野外测定方法评述 [J]. 生态学报, 2015, 35 (13): 1~21.

[82] 于贵瑞, 王秋凤, 刘迎春, 等. 区域尺度陆地生态系统固碳速率和增汇潜力概念框架及其定量认证科学基础 [J]. 地理科学进展, 2011, 30 (7): 771~787.

[83] 高扬, 何念鹏, 汪亚峰. 生态系统固碳特征及其研究进展 [J]. 自然资源学报, 2013, 28 (7): 1264~1274.

[84] Young C C. Defining the range: the development of carrying capacity in management practice [J]. Journal of the History of Biology, 1998, 31 (1): 61~83.

[85] 常征. 基于能源利用的碳脉分析 [D]. 上海: 复旦大学社会发展与公共政策学院,

2012：1~4，46~47.

[86] 张玥，王让会，刘飞．钢铁生产过程碳足迹研究——以南京钢铁联合有限公司为例 [J]．环境科学学报，2013，33（4）：1195~1200.

[87] 韩颖，李廉水，孙宁．中国钢铁工业二氧化碳排放研究 [J]．南京信息工程大学学报（自然科学版），2011，3（1）：53~57.

[88] 官方钦，张春霞，郦秀萍，等．关于钢铁行业 CO_2 排放计算方法的探讨 [J]．钢铁研究学报，2010，22（11）：1~10.

[89] 樊纲，苏铭，曹静．最终消费与碳减排责任的经济学分析 [J]．经济研究，2010，1.

[90] 樊杰，李平星，梁育填．个人终端消费导向的碳足迹研究框架——支撑我国环境外交的碳排放研究新思路 [J]．地球科学进展，2010，9（2）：61~68.

[91] 涂华，刘翠杰．标准煤二氧化碳排放的计算 [J]．煤质技术，2014（2）：57~60.

[92] 何宏涛．水泥生产二氧化碳排放分析和定量化探讨 [J]．水泥工程，2009（1）：61~65.

[93] 李新，石建屏，吕淑珍，等．中国水泥工业 CO_2 产生机理及减排途径研究 [J]．环境工程学报，2011，31（5）：1115~1120.

[94] 方精云，黄耀，朱江玲，等．森林生态系统碳收支及其影响机制 [J]．中国基础科学，2015（3）：20~25.

[95] 戴铭，周涛，杨玲玲，等．基于森林详查与遥感数据降尺度技术估算中国林龄的空间分布 [J]．地理研究，2011，30（1）：172~183.

[96] 陈智，于贵瑞，朱先进，等．北半球陆地生态系统碳交换通量的空间格局及其区域特征 [J]．第四纪研究，2014，34（4）：700~722.

[97] Tilman D, Reich P B, Knops J, et al. Diversity and productivity ina long-term grassland experiment [J]. Science, 2001, 294：843~845.

[98] Smith D, Johnson L. Vegetation-mediated changes inmicroclimate reduce soil respiration as woodlands expand intograsslands [J]. Ecology, 2004, 85（12）：3348~3361.

[99] Pan Y D, Birdsey R A, Fang J Y, et al. A large and persistentcarbon sink in the world's forests [J]. Science, 2011, 333：988~993.

[100] 程建刚，解明恩．近50年云南区域气候变化特征分析 [J]．地理科学进展，2008，27（5）：19~26.

[101] 李亮．云南省1992~2007年森林植被碳储量动态变化及其碳汇潜力分析 [D]．昆明：云南财经大学，2012：41~43.

[102] 胡波，孙睿，陈永俊，等．遥感数据结合 Biome-BGC 模型估算黄淮地区生态系统生产力 [J]．自然资源学报，2011，26（12）：2061~2071.

[103] 陈福军．近30年中国陆地生态系统碳收支时空变化模拟研究 [D]．石家庄：河北师范大学，2011：30.

[104] 温庆忠，肖丰，罗娅妮．气候因素对云南石漠化治理的影响与对策 [J]．林业调查规划，2014，39（5）：61~64.

[105] 韩冰，王效科，欧阳志云．中国农田生态系统土壤碳库的饱和水平及其固碳潜力 [J]．农村生态环境，2005，21（4）：6~11.

[106] 孙政国，陈奕兆，居为民，等．我国南方不同类型草地生产力及对气候变化的响应

[J]. 林业科学研究，2015，24（4）：609~616.

[107] 李世玉. 中国茶园生态系统碳平衡研究 [D]. 杭州：浙江大学，生命科学学院，2010.

[108] 陈文婧，李春义，何桂梅，等. 北京奥林匹克森林公园绿地碳交换动态及其环境控制因子 [J]. 生态学报，2013，33（20）：6712~6720.

[109] 许凤娇，周德民，张翼然，等. 中国湖泊、沼泽湿地的空间分布特征及其变化 [J]. 生态学杂志，2014，33（6）：1606~1614.

[110] 闫明，潘根兴，李恋卿，等. 中国芦苇湿地生态系统固碳潜力探讨 [J]. 中国农学通报，2010，26（18）：320~323.

[111] 邹玥，周华茂，魏来. 省级耕地田坎系数汇总方法研究——以四川省为例 [J]. 安徽农业科学，2010，38（16）：8580~8581.

[112] 高吉喜. 可持续发展理论探索——生态承载力理论、方法与应用 [M]. 北京：中国环境科学出版社，2001.

[113] 苏喜友. 森林承载力研究 [D]. 北京：北京林业大学，2002：75.

[114] 关丽娟. 青岛市碳承载率研究 [D]. 青岛：中国海洋大学，2012：75.

[115] 刘东，封志明，杨艳昭. 基于生态足迹的中国生态承载力供需平衡分析 [J]. 自然资源学报，2012，27（4）：614~624.

[116] 薛晓娇，李新春. 中国能源生态足迹与能源生态补偿的测度 [J]. 技术经济与管理研究，2011（1）：90~93.

[117] 张一群，郭辉军，杨东，等. 生态足迹与生态承载力评价——以云南省为例 [J]. 经济问题探索，2015（7）：23~29.

[118] 李克让. 土地利用变化和温室气体净排放与陆地生态系统碳循环 [M]. 北京：气象出版社，2000：250.

[119] 韩召迎，孟亚利，徐娇，等. 区域农田生态系统碳足迹时空差异分析——以江苏省为案例 [J]. 农业环境科学学报，2012，31（5）：1034~1041.

[120] West T O, Marl and G. A synthesis of carbon sequestration, carbon emissions and net carbon flux in agriculture：Comparing tillage practices in the United States [J]. Agriculture, Ecosystems and Environment，2002，91：217~232.

[121] 赵先超，朱翔，周跃云. 基于碳均衡视角的湖南省碳排放与碳吸收时空差异分析 [J]. 水土保持学报，2012，26（6）：158~163.

[122] 高军波，李清飞，余国忠. 河南省碳排放与碳吸收动态分析 [J]. 水土保持学报，2012，26（1）：141~145.

[123] 罗珉. 目标管理的后现代管理思想解读 [J]. 外国经济与管理，2009，31（10）：1~7.

[124] 陈广生，田汉勤. 土地利用/覆盖变化对陆地生态系统碳循环的影响 [J]. 植物生态学报，2007，31（2）：189~204.

[125] 刘纪远，邵全琴，延晓冬，等. 土地利用变化对全球气候影响的研究进展与方法初探 [J]. 地球科学进展，2001，26（10）：1015~1022.

[126] 杨景成，韩兴国，黄建辉，等. 土地利用变化对陆地生态系统碳贮量的影响 [J]. 应用生态学报，2003，14（8）：1385~1390.

[127] 陈柏林. 2014年1~8月份行业经济运行报告 [J]. 中国水泥，2014（11）：54~57.

［128］何建坤．我国 CO_2 减排目标的经济学分析与效果评价［J］．科学学研究，2011，29
（1）：9~17.

［129］上官莉娜．权力——权利"共生性"缕析［J］．武汉大学学报（哲学社会科学版），
2009（3）：305~308.

［130］Raiborn C，M Massoud. Emissions allowances：accounting and public policy issues［J］．Accounting & the PublicInterest，2010，10（1）：105~121.

［131］MeteP C. Dick L Moerman. Creating institutional meaning：accounting and taxation law perspectives of carbon permits. Critical Perspectives on Accounting，2010，21（7）：619~630.

［132］王明远．论碳排放权的准物权和发展权属性［J］．中国法学，2010（6）：92~99.

［133］檀勤良，魏咏梅，何大义．行政管理减排机制对企业生产策略的影响研究［J］．中国
软科学，2012（4）：153~159.

［134］胡秋阳．回弹效应与能源效率政策的重点产业选择［J］．经济研究，2014（2）：128~139.

［135］董锋，杨庆亮，龙如银，等．中国碳排放分解与动态模拟［J］．中国人口·资源与环
境，2015，25（4）：1~8.

［136］吴常艳，黄贤金，揣小伟，等．基于 EIO-LCA 的江苏省产业结果与调整与碳减排潜力
分析［J］．中国人口·资源与环境，2015，25（4）：43~51.

［137］蒋金荷．中国碳排放量测算及影响因素分析［J］．资源科学，2011，33（4）：597~604.

［138］胡初枝，黄贤金，钟太洋，等．中国碳排放特征及其动态演进分析［J］．中国人口·
资源与环境，2008，18（3）：38~42.

［139］王雅楠，赵涛．基于 GWR 模型中国碳排放空间差异研究［J］．中国人口·资源与环
境，2016，26（2）：27~34.

［140］王长建，汪菲，张虹鸥．新疆能源消费碳排放过程及其影响因素［J］．生态学报，
2016，36（8）：2151~2163.

［141］张伟，张金锁，邹绍辉，等．基于 LMDI 的陕西省能源消费碳排放因素分解研究［J］．
干旱区资源与环境，2013，27（9）：26~31.

［142］宋杰鲲．基于 LMDI 的山东省能源消费碳排放因素分解［J］．资源科学，2012，34
（1）：35~41.

［143］黄蕊，王铮，丁冠群，等．基于 STIRPAT 模型的江苏省能源消费碳排放影响因素分析
及趋势预测［J］．地理研究，2016，25（4）：781~789.

［144］刘源，李向阳，林剑艺．基于 LMDI 分解的厦门市碳排放强度影响因素分析［J］．生态
学报，2014，34（9）：2378~2387.

［145］朱勤，彭希哲，陆志明，等．中国能源消费碳排放变化的因素分解及实证分析［J］．
资源科学，2009，31（12）：2072~2079.

［146］徐国泉，刘则渊，姜照华．中国碳排放的因素分解模型及实证分析：1995~2004［J］．
中国人口·资源与环境，2006，16（6）：158~161.

［147］肖宏伟．中国碳排放测算方法研究［J］．阅江学刊，2013，10（5）：48~57.

［148］赵志耘，杨朝峰．中国碳排放驱动因素分解分析［J］．中国软科学，2012（6）：175~183.

［149］冯泰文，孙林岩，何哲．技术进步对中国能源强度调解效应的实证研究［J］．科学学
研究，2008，26（5）：987~993.

［150］刘丽芳. 云南省石漠化坡耕地综合治理模式探讨 ［J］. 林业调查规划，2015，40（4）：93～96.

［151］曹裕松，李志安，江院清，等. 陆地生态系统土壤呼吸研究进展 ［J］. 江西农业大学学报，2004，26（1）：138～143.

［152］林秀群，葛颖. 中国西南地区农田生态系统碳源/汇时空差异研究 ［J］. 江苏农业学报，2016，32（5）：1088～1093.

［153］梁二，蔡典雄，代快，等. 中国农田土壤有机碳变化：Ⅱ土壤固碳潜力估算 ［J］. 中国土壤与肥料，2010（6）：87～92.

［154］江国福，刘畅，李金全，等. 中国农田土壤呼吸速率及驱动因子 ［J］. 中国科学，2014，44（7）：725～735.

［155］张锋，曹俊. 我国农业生态补偿的制度性困境与利益和谐机制的建构 ［J］. 农业现代化研究，2010，31（5）：538～542.

附　　录

附录 A　基于终端消费的能源碳排放量计算

附表 A-1　能源种类及碳排放系数

能源种类	碳排放系数	能源种类	碳排放系数	能源种类	碳排放系数
原煤	0.7559	其他煤气	0.3548	燃料油	0.6185
洗精煤	0.7559	原油	0.5857	液化石油气	0.5042
其他洗煤	0.7476	汽油	0.5538	炼厂干气	0.4602
焦炭	0.855	煤油	0.5714	其他石油制品	0.5857
焦炉煤气	0.3548	柴油	0.5921	天然气	0.4483

附表 A-2　能源种类及折算标煤系数

能源种类	折算标煤系数	能源种类	折算标煤系数	能源种类	折算标煤系数
原煤	0.7143	其他煤气	1.286	燃料油	1.4286
洗精煤	0.9	原油	1.4286	液化石油气	1.7143
其他洗煤	0.2857	汽油	1.4714	炼厂干气	1.5714
焦炭	0.9714	煤油	1.4714	其他石油制品	1.2
焦炉煤气	6.143	柴油	1.4571	天然气	13.3

附表 A-3　碳排放的部门结构和能源结构的分类

部门构成	生产部门	农牧业、工业、建筑业、交通运输业、批发零售业和其他行业
	生活部门	城镇、乡村
能源结构	一次能源	原煤、洗煤精、其他洗煤、焦炭、焦炉煤气、原油、汽油、煤油、柴油、燃料油、液化石油气、炼厂干气、其他石油制品、天然气
	二次能源	电力、热力

附录 B 云南能源消费品种及其碳排放量

附表 B-1 2000~2014 年云南省 17 种能源品种碳排放量　　　　　　（10⁴t）

年份	2000	2003	2004	2005	2006	2007	2008	2010	2011	2012	2013	2014
原煤	2321.33	2857.95	2784.16	4780.03	4803.95	4572.55	5068.23	6168.49	6496.56	6846.33	7731.19	7311.73
洗精煤	47.2	83.61	47.2	177.66	193.35	193.5	84.06	100	88.78	205.17	198.11	205.1
其他洗煤	64.96	117.72	64.96	104.42	103.13	47.3	45.53	51.27	49.76	52.24	78	44.04
焦炭	1096.32	2094.61	1096.32	423.12	3524.95	60.94	4042.63	3747.62	3710.56	4072.44	4103.81	3454.15
焦炉煤气	44.67	62.09	44.67	64.33	46.27	48.27	114.76	150.48	157.12	151.76	149.2	145.29
其他煤气	38.18	66.7	38.18	71.14	82.03	133.25	118.13	156.73	179.45	227.41	200.22	158.72
原油	0	0	0	0.21	0.21	0.34	0.18	0.18	0.06	0.06	0.09	0.12
汽油	265.29	317.01	271.26	368.25	382.8	472.4	534.4	694.64	747.97	859.06	836.59	889.59
煤油	59.31	61.72	59.31	88.51	108.08	111.53	118.26	146.25	157.56	172.91	197.24	238.27
柴油	175.44	653.85	175.44	850.14	1039.69	1201.65	1295.99	1775.53	1925.79	2056.15	1769.74	1798.75
燃料油	36.19	18.43	36.19	12.67	15.29	16.33	16.85	18.21	8.39	8.46	10.5	12.38
液化石油气	0	26.11	0	24.63	43.83	45.23	45.83	70.93	77.93	101.64	113.3	138.91

附录 C　农田生态系统农作物碳吸收量的计算数据

附表 C-1　云南农田生态系统主要农作物产量

（10⁴t）

年份	2005	2006	2007	2008	2009	2010	2011	2012	2013	2014
稻谷	646.34	651.17	589.7	621.01	636.23	616.57	509.2	483.82	495	488.59
小麦	106.86	110.13	91.2	83.05	92.3	45.98	85.81	79.99	77.28	81.06
玉米	449.31	452.06	498.6	529.55	542.67	612.98	704.8	787.78	836.42	873.63
豆类	77.18	68.4	80.1	112.12	123.65	79.48	113.01	118.96	120.02	117.9
薯类	178.6	204.91	162.2	169.76	175.65	173.55	250.02	260.04	269.03	272.15
其他粮食作物	56.64	55.54	38.9	3.1	6.42	2.44	92.54	97.25	99.86	107.49
花生	5.7457	5.8	6.1054	6.7	7.13	7.01	7.04	7.49	7.99	8.15
油菜籽	29.021	31.5662	29.0695	32.1	41.41	25.98	51.84	53.5	50.69	54.93
烟叶	79.0909	77.7274	79.1249	86.38	91.69	99.14	105.57	115	107.55	98.35
甘蔗	1415.4968	1678.7261	1938.6732	1898.75	1761.31	1750.92	1898.78	2043.78	2146.25	2110.4
蔬菜	970.8882	1033.7815	1113.3345	1166.6372	1238.2437	1255.0275	1340	1472.66	1625.45	1735.54

注：数据来源于《云南省统计年鉴》。

附表 C-2 贵州农田生态系统主要农作物产量

(10⁴t 单位为 10^4 t)

年份	2005	2006	2007	2008	2009	2010	2011	2012	2013	2014
稻谷	472.8	424.2	449.8	461.1	453.2	445.7	303.9	402.4	361.3	403.2
小麦	73	45.1	47.9	42.8	44.5	24.8	50.4	52.4	51.5	61.5
玉米	344.3	336.7	357.1	391.2	405.2	415.4	243.7	342.3	298	313.8
豆类	37.8	34	36	36.2	36.9	26.6	22	23.6	25.9	32.6
薯类	213.1	187.6	199	214.8	208.8	174.1	239.3	235.8	263.4	289.9
花生	7.34	4.12	4.93	6.44	7.31	7.68	6.07	7.86	8.25	9.71
油菜籽	76.51	63.18	64.36	60.38	70.4	51.62	71.81	78.18	81.78	86.69
烟叶	36.9	32.96	33.52	39.79	39.03	39.11	34.32	39.28	43.56	37.39
甘蔗	67.76	63.88	66.97	71.76	64.27	52.24	43.6	128.06	159.34	168.27
蔬菜	839.87	788	877.34	991.06	1079.45	1202.04	1250.05	1375.63	1500.45	1625.62

注：数据来源于《贵州省统计年鉴》。

附录 D　农田生态系统农作物耕种过程的碳排放量计算

附表 D-1　云南农田耕种过程主要投入种类及数量

年份	2005	2006	2007	2008	2009	2010	2011	2012	2013	2014
氮肥/10^4t	79.917	83.21	86.6255	91.9118	92.6566	97.5236	103.24	106.81	110.52	113.29
磷肥/10^4t	22.7246	23.77	24.8298	26.0123	25.4465	27.1754	29.62	30.59	32.08	33.41
钾肥/10^4t	12.0041	12.79	13.5697	15.213	16.1279	17.917	19.73	21.99	23.25	24.8
复合肥/10^4t	28.0059	30.63	33.2411	34.5337	37.1561	41.9637	47.8	50.82	53.11	55.37
农膜/10^4t	6.7821	6.8833	6.9845	7.483	8.1354	8.569	9.1229	10.128	10.6606	11.0993
农药/10^4t	3.0576	3.2891	3.5206	4.2875	4.2567	4.6191	4.8157	5.5326	5.4782	5.7225
柴油/10^4t	57.1	52	46.9	50	57.5	65.3	72.6	77.9	82.3	84.8
有效灌溉面积/10^4hm²	148.538	150.239	151.724	153.687	156.207	158.842	163.42	167.79	166.03	170.91
主要农作物播种面积/10^4hm²	560.5611	568.0492	545.5441	562.4997	582.742	599.8029	626.1	647.1	658.3	658.32
机械总动力/10^4kW	1666.1	1755	1861.9	2013.9	2159.4	2411.1	2628.4	2874.5	3070.3	3215
氮肥/10^4t	79.917	83.21	86.6255	91.9118	92.6566	97.5236	103.24	106.81	110.52	113.29

注：数据来源于《云南省统计年鉴》和《中国农业统计年鉴》。

附表 D-2　贵州农田耕种过程主要投入种类及数量

年份	2005	2006	2007	2008	2009	2010	2011	2012	2013	2014
氮肥/10^4t	79.917	83.21	86.6255	91.9118	92.6566	97.5236	103.24	106.81	110.52	113.29
磷肥/10^4t	22.7246	23.77	24.8298	26.0123	25.4465	27.1754	29.62	30.59	32.08	33.41
钾肥/10^4t	12.0041	12.79	13.5697	15.213	16.1279	17.917	19.73	21.99	23.25	24.8
复合肥/10^4t	28.0059	30.63	33.2411	34.5337	37.1561	41.9637	47.8	50.82	53.11	55.37
农膜/10^4t	6.7821	6.8833	6.9845	7.483	8.1354	8.569	9.1229	10.128	10.6606	11.0993
农药/10^4t	3.0576	3.2891	3.5206	4.2875	4.2567	4.6191	4.8157	5.5326	5.4782	5.7225
柴油/10^4t	57.1	52	46.9	50	57.5	65.3	72.6	77.9	82.3	84.8
有效灌溉面积/10^4hm²	148.538	150.239	151.724	153.687	156.207	158.842	163.42	167.79	166.03	170.91
主要农作物播种面积/10^4hm²	560.5611	568.0492	545.5441	562.4997	582.742	599.8029	626.1	647.1	658.3	658.32
机械总动力/10^4kW	1666.1	1755	1861.9	2013.9	2159.4	2411.1	2628.4	2874.5	3070.3	3215

注：数据来源于《贵州省统计年鉴》和《中国农业统计年鉴》。

附录 E　农田生态系统碳强度计算所需面积的数据

附表 E-1　云南农田主要农作物种植面积

（10⁴hm²）

年份	2005	2006	2007	2008	2009	2010	2011	2012	2013	2014
稻谷	104.927	104.54	99.02	101.753	103.98	102.1	79.23	72.22	72.37	70.72
小麦	53.233	51.467	42.68	42.5	43.24	42.89	40.29	39.8	40.18	39.44
玉米	118.26	118.333	128.21	132.58	135.42	141.78	157	160.26	164.37	166.51
豆类	47.856	46.725	52.22	56.513	58.192	57.94	58.42	61.72	62.88	59.74
薯类	68.753	72.553	56.17	58.693	61.2333	63.16	66.76	67.38	66.92	67.47
其他粮食作物	32.364	33.349	21.15	17.554	17.948	19.57	38.54	40.4	38.58	40.47
花生	4.2923	4.2872	4.3595	4.5848	4.8942	4.8995	4.86	4.88	4.94	5.02
油菜籽	16.9117	16.9307	16.1178	18.9479	25.3602	26.9757	27.29	28.12	29.49	29.62
烟叶	39.26	38.85	38.13	40.06	40.57	43.85	49.53	54.52	54.25	50.61
甘蔗	25.501	28.7172	31.2922	30.9699	29.6179	29.5124	30.67	32.77	34.24	33.97
蔬菜	49.2031	52.2971	56.1946	58.3441	62.2864	67.1253	73.51	85.03	90.08	94.75

注：数据来源于《云南省统计年鉴》和《中国农业统计年鉴》。

附表 E-2　贵州农田主要农作物种植面积

（10⁴hm²）

年份	2004	2005	2006	2007	2008	2009	2010	2011	2012	2013	2014
稻谷	71.65	72.17	67.96	67.62	69.11	69.82	69.58	68.15	68.3	68.45	68.2
小麦	42.92	41.06	24.39	24.27	26.24	26.29	26.08	25.76	25.98	25.18	25.15
玉米	70.65	71.95	73.49	73.12	73.46	75.15	78.11	78.78	77.52	77.84	78.75
豆类	32.49	32.48	30.71	30.55	31.02	31.12	31.35	31.4	30.58	31.63	32.41
薯类	78.91	82.07	79.21	78.81	84.25	87.62	89.48	91.26	91.94	93.79	94.45
花生	4.24	4.33	2.43	2.54	3.35	3.88	4.08	3.89	4.1	4.36	4.89
油菜籽	48.24	50.48	39.99	40.01	41.28	46.69	47.92	48.9	49.7	50.67	52.16
烟叶	20.68	22.27	19.34	19.28	20.77	19.78	19.58	21.22	24.92	26.64	22.85
甘蔗	1.86	1.94	1.79	1.71	1.76	1.64	1.37	1.2	2.18	2.79	2.78
蔬菜	44.33	47.33	49.45	52.79	55.83	59.96	64.79	70.85	77.43	92.43	84.77

注：数据来源于《贵州省统计年鉴》和《中国农业统计年鉴》。